N S Murti sarma
Sreepathi Panditaradhula V R
Akula Pravin

Códigos de bloco espaço-temporal para aplicações sem fios

N S Murti sarma
Sreepathi Panditaradhula V R
Akula Pravin

Códigos de bloco espaço-temporal para aplicações sem fios

ScienciaScripts

Cover image: www.ingimage.com

This book is a translation from the original published under ISBN 978-3-659-85550-4.

Publisher:
Sciencia Scripts
is a trademark of
Dodo Books Indian Ocean Ltd. and OmniScriptum S.R.L publishing group

120 High Road, East Finchley, London, N2 9ED, United Kingdom
Str. Armeneasca 28/1, office 1, Chisinau MD-2012, Republic of Moldova, Europe
Managing Directors: Ieva Konstantinova, Victoria Ursu
info@omniscriptum.com

Printed at: see last page
ISBN: 978-620-8-50856-2

Índice:

CÓDIGOS DE BLOCO ESPÁCIO-TEMPORAIS PARA APLICAÇÕES SEM FIOS

Dr. N.S.Murti Sarma
S.P.Venumadhava Rao
Instituto Sreenidhi de Ciência e Tecnologia,
Yamnampet, Hyderabad-501301, Telangana. A.P.
E
Akula Pravin, M.Tech, (Ph.D)
Diretor, Departamento de ECE,
Colégio de Engenharia Bonam Venkata chalamayya
Odalarevu, Andhrapradesh.

Prefácio

As aplicações sem fios estão a avançar no terreno com plataformas emergentes como VLSI. É feita uma tentativa de desenvolver códigos de bloco com tecnologia VLSI. No Capítulo 1, faz-se uma revisão do efeito de desvanecimento e dos seus métodos de eliminação nas comunicações sem fios, e também se discutem as tecnologias utilizadas para implementar o projeto. Capítulo 2: apresenta os códigos de bloco espácio-temporais para melhorar o desempenho do sistema de comunicação sem fios e propõe um novo algoritmo para uma conceção optimizada. Capítulo 3 e 4, explica a ideia básica do projeto, o diagrama de blocos do descodificador e o princípio de funcionamento com o FSM. O capítulo 5 descreve sucintamente o software utilizado no projeto, na simulação e na implementação. Os méritos, as aplicações do algoritmo proposto e os resultados da simulação, da síntese e da implementação são apresentados nos capítulos 6 e 7. Finalmente, no capítulo 8, são apresentadas as conclusões e os aspectos futuros.

O código utilizado é apresentado em anexo. A monografia proposta centrar-se-á em fornecer conhecimentos básicos sobre o trabalho produzido.

Agradecimentos

Os autores agradecem do fundo do coração ao pessoal, ao diretor e aos diretores dos colégios onde os autores estão hospedados. Agradecemos imensamente às respectivas direcções pelo incentivo oportuno ao trabalho na área em questão.

Agradece-se também o apoio dos familiares dos autores para a realização desta monografia.

Autores

CAPÍTULO 1

Introdução

Os sistemas sem fios da próxima geração devem ter uma qualidade de voz elevada em comparação com as actuais normas de rádio móvel celular e fornecer serviços de dados de elevado débito (até 2 Mbits/s). Ao mesmo tempo, as unidades remotas devem ser comunicadores de bolso, pequenos e leves. Além disso, devem funcionar de forma fiável em diferentes tipos de ambientes: macro, micro e pico-celular; urbano, suburbano e rural; interior e exterior. Por outras palavras, os sistemas da próxima geração devem ter melhor qualidade e cobertura, ser mais eficientes em termos de potência e largura de banda e ser implantados em diversos ambientes. No entanto, os serviços devem continuar a ser acessíveis para uma aceitação generalizada no mercado. Inevitavelmente, os novos comunicadores de bolso devem permanecer relativamente simples. Felizmente, porém, a economia de escala pode permitir estações de base mais complexas. De facto, parece que a complexidade da estação de base pode ser o único espaço de negociação plausível para alcançar os requisitos dos sistemas sem fios da próxima geração.

O fenómeno fundamental que dificulta uma transmissão sem fios fiável é o desvanecimento multipercurso variável no tempo. É este fenómeno que torna a transmissão sem fios um desafio quando comparada com as transmissões por fibra, cabo coaxial, micro-ondas em linha de vista ou mesmo por satélite.

Aumentar a qualidade ou reduzir a taxa de erro efectiva num canal de desvanecimento multipercurso é extremamente difícil. Num canal com ruído branco gaussiano aditivo (AWGN), utilizando esquemas típicos de modulação e codificação, a redução da taxa de erro de bit efectiva (BER) de 10 para 10 pode exigir apenas uma relação sinal-ruído (SNR) superior em 1 ou 2 dB. No entanto, para conseguir o mesmo num ambiente de desvanecimento multipercurso, pode ser necessária uma melhoria de até 10 dB na SNR. A melhoria da SNR não pode ser obtida através de uma maior potência de transmissão ou de uma largura de banda adicional, uma vez que é contrária aos requisitos dos sistemas da próxima geração. Por conseguinte, é crucial combater ou reduzir eficazmente o efeito do desvanecimento tanto nas unidades remotas como nas estações de base, sem potência adicional ou qualquer sacrifício da largura de banda.

Teoricamente, a técnica mais eficaz para atenuar o desvanecimento multipercurso num canal sem fios é o controlo da potência do transmissor. Se as condições do canal, tal como são sentidas pelo recetor de um lado da ligação, forem conhecidas pelo transmissor do outro lado, o transmissor pode prever o sinal de modo a ultrapassar o efeito do canal no recetor. Há dois problemas fundamentais com esta abordagem. O principal problema é a gama dinâmica necessária do transmissor. Para que o transmissor supere um determinado nível de desvanecimento, deve aumentar a sua potência nesse mesmo nível, o que na maioria dos casos não é prático devido às limitações de potência de radiação e ao tamanho e custo dos amplificadores. O segundo problema é que o transmissor não tem qualquer conhecimento do canal utilizado pelo recetor, exceto nos sistemas em que as transmissões de ligação ascendente (remoto para base) e de ligação descendente (base para remoto) são efectuadas na mesma frequência. Assim, a informação sobre o canal tem de ser reenviada do recetor para o transmissor, o que resulta numa degradação do débito e numa considerável complexidade acrescida tanto para o transmissor como para o recetor. Além disso, nalgumas aplicações, pode não haver uma ligação para realimentar a informação sobre o canal.

Outras técnicas eficazes são a diversidade temporal e de frequência. A intercalação temporal, juntamente com a codificação de correção de erros, pode melhorar a diversidade. O mesmo se aplica ao espetro alargado. No entanto, a intercalação temporal resulta em grandes atrasos quando o canal está a variar lentamente. Equivalentemente, as técnicas de espalhamento espetral são ineficazes quando a largura de banda de coerência do canal é maior do que a largura de banda de espalhamento ou, de forma equivalente, quando há um espalhamento de atrasos relativamente pequeno no canal.

Na maioria dos ambientes dispersivos, a diversidade de antenas é uma técnica prática, eficaz e, por conseguinte, amplamente aplicada para reduzir o efeito do desvanecimento multipercurso. A abordagem clássica consiste em utilizar várias antenas no recetor e efetuar a combinação ou seleção e comutação para melhorar a qualidade do sinal recebido. O principal problema da utilização da abordagem de diversidade de receção é o custo, a dimensão e a potência das unidades remotas. A utilização de múltiplas antenas e cadeias de radiofrequência (RF) (ou circuitos de seleção e comutação) torna as unidades remotas maiores e mais caras. Consequentemente, as técnicas de diversidade têm sido quase exclusivamente aplicadas às estações de base para melhorar a sua qualidade de receção. Uma estação de base serve frequentemente centenas a milhares de unidades remotas. Por conseguinte, é mais económico acrescentar equipamento às estações de base do que às unidades remotas. Por esta razão, os esquemas de diversidade de transmissão são muito atractivos. Por exemplo, uma antena e uma cadeia de transmissão podem ser adicionadas a uma estação de base para melhorar a qualidade de receção de todas as unidades remotas na área de cobertura dessa estação de base. A alternativa é adicionar mais antenas e receptores a todas as unidades remotas. A primeira solução é definitivamente mais económica.

Recentemente, foram sugeridas algumas abordagens interessantes para a diversidade de transmissão. Um esquema de diversidade de atrasos foi proposto por Wittneben para a simulação de uma estação de base e, mais tarde, independentemente, um esquema semelhante foi sugerido por Seshadri e Winters para uma única estação de base em que cópias do mesmo símbolo são transmitidas através de várias antenas em momentos diferentes, criando assim uma distorção artificial de multipercurso.

Um estimador de sequência de máxima verosimilhança (MLSE) ou um equalizador de erro quadrático médio mínimo (MMSE) é então utilizado para resolver a distorção multipercurso e obter ganhos de diversidade. Outra abordagem interessante é a codificação em treliça espaço-temporal, introduzida em que os símbolos são codificados de acordo com as antenas através das quais são transmitidos simultaneamente e são descodificados utilizando um descodificador de máxima verosimilhança. Este esquema é muito eficaz, uma vez que combina as vantagens da codificação de correção de erros a prazo (FEC) e da transmissão em diversidade para proporcionar ganhos de desempenho consideráveis. O custo deste esquema é o processamento adicional, que aumenta exponencialmente em função da eficiência da largura de banda (bits/s/Hz) e da ordem de diversidade necessária. Por conseguinte, para algumas aplicações, pode não ser prático ou rentável.

A técnica proposta neste projeto é um esquema simples de diversidade de transmissão que melhora a qualidade do sinal no recetor de um lado da ligação através do processamento simples em duas antenas de transmissão no lado oposto. A ordem de diversidade obtida é igual à aplicação da combinação de recetor de razão máxima (MRRC) com duas antenas no recetor. O esquema pode ser facilmente generalizado para duas antenas de transmissão e uma antena de receção para fornecer uma ordem de diversidade de 2. Isso é feito sem qualquer feedback do recetor para o transmissor e com pequena complexidade de computação. O esquema não requer expansão da largura de banda, uma vez que a redundância é aplicada no espaço através de múltiplas antenas, e não no tempo ou na frequência.

O novo esquema de diversidade de transmissão pode melhorar o desempenho do erro, a taxa de dados ou a capacidade dos sistemas de comunicações sem fios. A menor sensibilidade ao desvanecimento pode permitir a utilização de esquemas de modulação de nível mais elevado para aumentar o débito de dados efetivo, ou factores de reutilização mais pequenos num ambiente multicelular para aumentar a capacidade do sistema. O esquema pode também ser utilizado para aumentar o alcance ou a área de cobertura dos sistemas sem fios. Por outras palavras, o novo esquema é eficaz em todas as aplicações em que a capacidade do sistema é limitada pelo desvanecimento multipercurso e, por conseguinte, pode ser uma forma simples e rentável de responder às exigências do mercado em termos de qualidade e eficiência sem uma reformulação completa dos sistemas existentes. Além disso, o esquema parece ser um excelente candidato para os sistemas sem fios da próxima geração, uma vez que reduz eficazmente o efeito do desvanecimento nas unidades remotas utilizando múltiplas antenas de transmissão nas estações de base.

1.1 Desvanecimento:

Nas comunicações sem fios, **o desvanecimento** é o desvio da atenuação que um sinal de telecomunicações modulado por portadora sofre em determinados meios de propagação. O desvanecimento pode variar com o tempo, a posição geográfica e/ou a frequência de rádio, e é frequentemente modelado como um processo aleatório. Um **canal com desvanecimento** é um canal de comunicação que sofre desvanecimento. Nos sistemas sem fios, o desvanecimento pode dever-se à propagação **multipercurso**, designada **por desvanecimento induzido por multipercurso**, ou à sombra de obstáculos que afectam a propagação da onda, por vezes designada **por desvanecimento por sombra**, como mostra a figura 1.1.

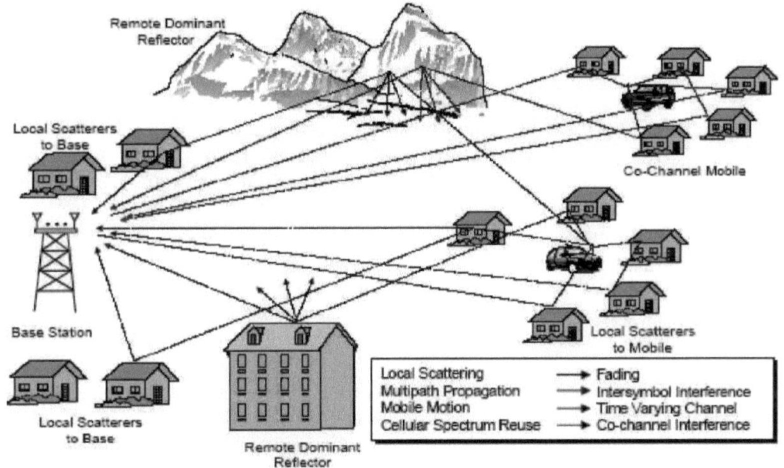

Figura 1.1 Modelo de desvanecimento

1.1.1 Desvanecimento Multipath:

A presença de reflectores no ambiente que rodeia um transmissor e um recetor cria múltiplos caminhos que um sinal transmitido pode percorrer. Como resultado, o recetor vê a sobreposição de várias cópias do sinal transmitido, cada uma percorrendo um caminho diferente. Cada cópia do sinal sofrerá diferenças de atenuação, atraso e mudança de fase enquanto viaja da fonte para o recetor. Isto pode resultar em interferência construtiva ou destrutiva, amplificando ou atenuando a potência do sinal visto no recetor. Uma forte interferência destrutiva é frequentemente designada por "**deep fade**" e pode resultar numa falha temporária da comunicação devido a uma queda acentuada da relação sinal/ruído do canal.

Um exemplo comum de desvanecimento multipercurso é a experiência de parar num semáforo e ouvir uma emissão FM degenerar em estática, enquanto o sinal é readquirido se o veículo se mover apenas uma fração de metro. A perda da transmissão é causada pela paragem do veículo num ponto em que o sinal sofreu uma interferência destrutiva grave. Os telemóveis também podem apresentar desvanecimentos momentâneos semelhantes.

Os modelos de canais de desvanecimento são frequentemente utilizados para modelar os efeitos da transmissão electromagnética de informação através do ar em redes celulares e comunicações por radiodifusão. Os modelos de canais de desvanecimento são também utilizados nas comunicações acústicas subaquáticas para modelar a distorção causada pela água. Matematicamente, o desvanecimento é normalmente modelado como uma alteração aleatória variável no tempo da amplitude e da fase do sinal transmitido.

1.1.2 Desvanecimento lento ou rápido:

Os termos desvanecimento lento e rápido referem-se à taxa de variação da magnitude e da fase impostas pelo canal ao sinal. O **tempo de coerência** é uma medida do tempo mínimo necessário para que a mudança de magnitude do canal se torne não correlacionada com o seu valor anterior.

> **O desvanecimento lento** surge quando o tempo de coerência do canal é grande em relação à restrição de atraso do canal. Neste regime, a amplitude e a mudança de fase impostas pelo canal podem ser consideradas aproximadamente constantes durante o período de utilização. O desvanecimento lento pode ser causado por eventos como o **sombreamento**, em que uma grande obstrução, como uma colina ou um grande edifício, obscurece o caminho principal do sinal entre o transmissor e o recetor. A alteração da amplitude causada pelo sombreamento é frequentemente modelada utilizando uma distribuição log-normal com um desvio padrão de acordo com o modelo de perda de trajetória log-distância.

> **O desvanecimento rápido** ocorre quando o tempo de coerência do canal é pequeno em relação à restrição de atraso do canal. Neste regime, a mudança de amplitude e de fase imposta pelo canal varia consideravelmente durante o período de utilização.

Num canal de desvanecimento rápido, o transmissor pode tirar partido das variações nas condições do canal utilizando a diversidade temporal para ajudar a aumentar a robustez da comunicação face a um desvanecimento profundo temporário. Embora um desvanecimento profundo possa apagar temporariamente algumas das informações transmitidas, a utilização de um código de correção de erros associado a bits transmitidos com êxito durante outros instantes de tempo (intercalação) pode permitir a recuperação dos bits apagados. Num canal de desvanecimento lento, não é possível utilizar a diversidade temporal porque o transmissor vê apenas uma única realização do canal dentro da sua restrição de atraso. Por conseguinte, um desvanecimento profundo dura toda a duração da transmissão e não pode ser atenuado através da codificação.

O tempo de coerência do canal está relacionado com uma quantidade conhecida como **propagação Doppler** do canal. Quando um utilizador (ou reflectores no seu ambiente) está em movimento, a velocidade do utilizador provoca uma mudança na frequência do sinal transmitido ao longo de cada caminho do sinal. Este fenómeno é conhecido como desvio Doppler. Os sinais que percorrem caminhos diferentes podem ter desvios Doppler diferentes, correspondendo a taxas diferentes de mudança de fase. A diferença nos desvios Doppler entre os diferentes componentes do sinal que contribuem para uma única derivação do canal de desvanecimento é conhecida como propagação Doppler. Os canais com um grande espalhamento Doppler têm componentes de sinal que estão a mudar independentemente em fase ao longo do tempo. Uma vez que o desvanecimento depende do facto de os componentes do sinal se adicionarem de forma construtiva ou destrutiva, esses canais têm um tempo de coerência muito curto.

Em geral, o tempo de coerência está inversamente relacionado com a propagação Doppler, tipicamente expressa como na equação 1.1

$$T_c = \frac{k}{D_s} \qquad \text{------------(1.1)}$$

Onde *Tc* é o tempo de coerência, *Ds* é o espalhamento Doppler e *k* é uma constante que assume valores na gama de 0,25 a 0,5.

1.1.3 Desvanecimento plano versus seletivo em frequência:

À medida que a frequência portadora de um sinal varia, a magnitude da alteração da amplitude varia. A largura de banda de coerência mede a separação em frequência após a qual dois sinais sofrerão desvanecimento não correlacionado.

> No **desvanecimento plano**, a largura de banda de coerência do canal é maior do que a largura de banda do sinal. Por conseguinte, todos os componentes de frequência do sinal sofrerão a mesma magnitude de desvanecimento.

> No **desvanecimento seletivo em frequência**, a largura de banda de coerência do canal é menor do que a largura de banda do sinal. Assim, diferentes componentes de frequência do sinal sofrem desvanecimento relacionado com a decoração.

Uma vez que os diferentes componentes de frequência do sinal são afectados de forma independente, é altamente improvável que todas as partes do sinal sejam simultaneamente afectadas por um desvanecimento profundo. Certos esquemas de modulação, como o OFDM e o CDMA, são adequados para empregar a diversidade de frequências para proporcionar robustez ao desvanecimento. O OFDM divide o sinal de banda larga em muitas subportadoras de banda estreita moduladas lentamente, cada uma exposta a desvanecimento plano em vez de desvanecimento seletivo de frequência. Este fenómeno pode ser combatido através de codificação de erros, equalização simples ou carregamento adaptativo de bits. A interferência inter-símbolos é evitada através da introdução de um intervalo de guarda entre os símbolos. O CDMA utiliza o recetor Rake para lidar com cada eco separadamente.

Os canais de desvanecimento seletivo em frequência são também *dispersivos*, na medida em que a energia do sinal associada a cada símbolo é espalhada no tempo. Isto faz com que os símbolos transmitidos que são adjacentes no tempo interfiram uns com os outros. Nestes canais, são frequentemente utilizados equalizadores para compensar os efeitos da interferência. Os ecos também podem ser expostos ao desvio Doppler, resultando num modelo de canal variável no tempo.

1.1.4 Modelos de desvanecimento:

Exemplos de modelos de desvanecimento para a distribuição da atenuação são:

> Nakagami a desvanecer-se

> Desvanecimento Weibull

> Desvanecimento de Rayleigh

> Desvanecimento Riciano

> Modelos de desvanecimento dispersivo, com vários ecos, cada um exposto a diferentes atrasos, ganhos e desvios de fase, frequentemente constantes. Isto resulta em desvanecimento seletivo em frequência e interferência inter-símbolos. Os ganhos podem ser distribuídos por Rayleigh ou Rician. Os ecos podem também ser expostos a desvios Doppler, o que resulta num modelo de canal variável no tempo.

> Desvanecimento de sombra log-normal

1.1.5 Mitigação:

O desvanecimento pode causar um mau desempenho num sistema de comunicações porque pode resultar numa perda de potência do sinal sem reduzir a potência do ruído. Esta perda de sinal pode ocorrer numa parte ou na totalidade da largura de banda do sinal. O desvanecimento também pode ser um problema à medida que se altera ao longo do tempo: os sistemas de comunicação são frequentemente concebidos para se adaptarem a essas deficiências, mas o desvanecimento pode alterar-se mais rapidamente do que as adaptações podem ser efectuadas. Nesses casos, a probabilidade de sofrer um desvanecimento (e os erros de bits associados à medida que a relação sinal/ruído diminui) no canal torna-se o fator limitador do desempenho da ligação.

Os efeitos do desvanecimento podem ser combatidos utilizando a diversidade para transmitir o sinal através de vários canais que sofrem desvanecimentos independentes e combinando-os coerentemente no recetor. A probabilidade de sofrer um desvanecimento neste canal composto é então proporcional à probabilidade de todos os canais componentes sofrerem simultaneamente um desvanecimento, um acontecimento muito mais improvável.

A diversidade pode ser conseguida no tempo, na frequência ou no espaço. As técnicas comuns utilizadas para superar o desvanecimento do sinal incluem:

> Regime de diversidade

> OFDM

> Receptores de ancinho

> Códigos espaço-temporais

> MIMO

1.2 Regime de diversidade:

Sistema terrestre de rádio por micro-ondas com dois conjuntos de antenas configurados para diversidade espacial Nas telecomunicações, um **esquema de diversidade** refere-se a um método para melhorar a fiabilidade de um sinal de mensagem através da utilização de dois ou mais canais de comunicação com caraterísticas diferentes. A diversidade desempenha um papel importante na luta contra o desvanecimento e a interferência co-canal e na prevenção de explosões de erros. Baseia-se no facto de os canais individuais apresentarem diferentes níveis de desvanecimento e interferência. Podem ser transmitidas e/ou recebidas múltiplas versões do mesmo sinal, que são combinadas no recetor. Em alternativa, pode ser adicionado um código redundante de correção de erros e diferentes partes da mensagem podem ser transmitidas em diferentes canais. As técnicas de diversidade podem explorar a propagação multipercurso, resultando num ganho de diversidade, frequentemente medido em decibéis.

Podem ser identificadas as seguintes classes de regimes de diversidade:

> **Diversidade temporal**: São transmitidas várias versões do mesmo sinal em instantes de tempo diferentes. Em alternativa, é adicionado um código redundante de correção de erros e a mensagem é espalhada no tempo por meio de intercalação de bits antes de ser transmitida. Assim, evitam-se as explosões de erros, o que simplifica a correção de erros.

> **Diversidade de frequências**: O sinal é transmitido utilizando vários canais de frequência ou espalhado por um amplo espetro que é afetado pelo desvanecimento seletivo da frequência. As linhas de retransmissão de rádio por micro-ondas de meados e finais do século XX utilizavam frequentemente vários canais de rádio regulares de banda larga e um canal de proteção para utilização automática por qualquer canal desvanecido. Exemplos posteriores incluem:

J Modulação OFDM em combinação com a intercalação de subportadoras e a correção de erros progressiva.

J Espectro alargado, por exemplo, salto de frequência ou DS-CDMA.

> **Diversidade espacial**: O sinal é transmitido através de várias trajectórias de propagação diferentes. No caso da transmissão com fios, isto pode ser conseguido através da transmissão por vários fios. No caso da transmissão sem fios, pode ser conseguida através da diversidade de antenas, utilizando várias antenas de transmissão (diversidade de transmissão) e/ou várias antenas de receção (diversidade de receção). Neste último caso, é aplicada uma técnica de combinação de diversidade antes de se efetuar o processamento do sinal. Se as antenas estiverem distantes umas das outras, por exemplo, em diferentes locais de estações de base de telemóveis ou pontos de acesso WLAN, chama-se a isto macro-diversidade ou diversidade de locais. Se as antenas estiverem a uma distância da ordem de um comprimento de onda, designa-se por microdiversidade. Um caso especial são os conjuntos de antenas em fase, que também podem ser utilizados para a formação de feixes, canais MIMO e codificação espaço-temporal (STC).

- **Diversidade de polarização**: Várias versões de um sinal são transmitidas e recebidas através de antenas com polarização diferente. No lado do recetor, é aplicada uma técnica de combinação de diversidade.
- **Diversidade multiutilizador**: A diversidade multiutilizador é obtida através da programação oportunista de utilizadores, quer no transmissor quer no recetor. A programação oportunista de utilizadores é a seguinte: o transmissor seleciona o melhor utilizador entre os receptores candidatos de acordo com as qualidades de cada canal entre o transmissor e cada recetor. Nos sistemas FDD, um recetor deve fornecer ao transmissor a informação sobre a qualidade do canal com um nível de resolução limitado.
- **Diversidade cooperativa**: Obtém ganhos de diversidade de antena utilizando a cooperação de antenas distribuídas pertencentes a cada nó.

Nos últimos anos, foram introduzidos **esquemas de diversidade de transmissão** para reduzir as complexidades de descodificação e a BER na extremidade do recetor. São eles

- Códigos Espaço-Tempo

Os esquemas de codificação permitem o ajuste e a otimização da codificação conjunta no espaço e no tempo, a fim de maximizar a fiabilidade de uma ligação sem fios.

- Códigos de treliça espaço-temporal:

Trata-se de códigos convolucionais alargados ao caso de múltiplas antenas de transmissão e receção.

- Códigos de bloco espaço-temporal:

Estes códigos são transmitidos utilizando uma estrutura de blocos ortogonais que permite uma descodificação simples no recetor.

1.2.1 Diversidade de antenas:

A diversidade de antenas, também conhecida como **diversidade espacial**, é um dos vários esquemas de diversidade sem fios que utilizam duas ou mais antenas para melhorar a qualidade e a fiabilidade de uma ligação sem fios. Muitas vezes, especialmente em ambientes urbanos e interiores, não existe uma linha de visão clara (LOS) entre o transmissor e o recetor. Em vez disso, o sinal é refletido ao longo de vários caminhos antes de ser finalmente recebido. Cada um desses saltos pode introduzir mudanças de fase, atrasos temporais, atenuações e até mesmo distorções que podem interferir de forma destrutiva uns com os outros na abertura da antena recetora. A diversidade de antenas é especialmente eficaz na atenuação destas situações de multipercurso. Isso ocorre porque várias antenas oferecem ao recetor várias observações do mesmo sinal. Cada antena experimentará um ambiente de interferência diferente. Assim, se uma antena estiver a sofrer um desvanecimento profundo, é provável que outra tenha um sinal suficiente. Coletivamente, este sistema pode fornecer uma ligação robusta. Embora isso seja visto principalmente em sistemas de receção (diversidade de receção), o análogo também se mostrou valioso para sistemas de transmissão (diversidade de transmissão).

Inerentemente, um esquema de diversidade de antenas requer hardware e integração adicionais em comparação com um sistema de antena única, mas devido à semelhança dos caminhos de sinal, uma boa quantidade de circuitos pode ser partilhada. Além disso, com os sinais múltiplos, há uma maior exigência de processamento colocada no recetor, o que pode levar a requisitos de conceção mais rigorosos. No entanto, normalmente, a fiabilidade do sinal é fundamental e a utilização de várias antenas é uma forma eficaz de diminuir o número de falhas e de ligações perdidas.

1.2.2 Técnicas de antena:

A diversidade de antenas pode ser realizada de várias formas. Dependendo do ambiente e das interferências previstas, os projectistas podem utilizar um ou mais destes métodos para melhorar a qualidade do sinal. De facto, são frequentemente utilizados métodos múltiplos para aumentar ainda mais a fiabilidade.

Diversidade espacial:

A diversidade espacial utiliza várias antenas, normalmente com as mesmas caraterísticas, que estão fisicamente separadas umas das outras. Dependendo da incidência prevista do sinal de entrada, por vezes é suficiente um espaço da ordem de um comprimento de onda. Outras vezes, são necessárias distâncias muito maiores. A celularização ou sectorização, por exemplo, é um esquema de diversidade espacial que pode ter antenas ou estações de base a quilómetros de distância. Isto é especialmente benéfico para a indústria das comunicações móveis, uma vez que permite que vários utilizadores partilhem um espetro de comunicação limitado e evitem interferências de co-canal.

Diversidade de padrões:

A diversidade de padrões consiste em duas ou mais antenas co-localizadas com diferentes padrões de radiação. Este tipo de diversidade utiliza antenas direcionais que estão normalmente separadas fisicamente por uma distância (frequentemente curta). Coletivamente, são capazes de discriminar uma grande parte do espaço angular e podem proporcionar um ganho superior ao de um único radiador unidirecional.

Diversidade de polarização:

A diversidade de polarização combina pares de antenas com polarizações ortogonais (ou seja, horizontal/vertical, ± inclinação de 45°, CP esquerda/direita, etc.). Os sinais reflectidos podem sofrer alterações de polarização em função do meio. Ao emparelhar duas polarizações complementares, este esquema pode imunizar um sistema contra as diferenças de polarização que, de outra forma, causariam o desvanecimento do sinal. Além disso, esta diversidade provou ser valiosa em estações de base de rádio e de comunicações móveis, uma vez que é menos suscetível às orientações quase aleatórias das antenas de transmissão.

Diversidade de transmissão/receção:

A diversidade de transmissão/receção utiliza duas antenas separadas e colocadas em conjunto para as funções de transmissão e receção. Esta configuração elimina a necessidade de um duplexador e pode proteger os componentes sensíveis do recetor da elevada potência utilizada na transmissão.

Matrizes adaptativas:

As matrizes adaptativas podem ser uma única antena com elementos activos ou uma matriz de antenas semelhantes com capacidade para alterar o seu padrão de radiação combinado à medida que persistem diferentes condições. As matrizes activas de varrimento eletrónico (AESA) manipulam os deslocadores de fase e os atenuadores na face de cada local de radiação para proporcionar uma capacidade de varrimento quase instantânea, bem como o controlo do padrão e da polarização. Isto é especialmente benéfico para as aplicações de radar, uma vez que permite a uma antena de sinal a capacidade de alternar entre vários modos diferentes, tais como procura, localização, mapeamento e contramedidas de interferência.

1.2.3 Técnicas de processamento:

Todas as técnicas acima requerem algum tipo de pós-processamento para recuperar a mensagem desejada. Entre essas técnicas estão:

Comutação: Num recetor de comutação, o sinal de apenas uma antena é alimentado ao recetor enquanto a qualidade desse sinal se mantiver acima de um determinado limiar. Se e quando o sinal se degradar, outra antena é comutada. A comutação é a mais fácil e a que consome menos energia das técnicas de processamento da diversidade de antenas, mas podem ocorrer períodos de desvanecimento e dessincronização enquanto a qualidade de uma antena se degrada e é estabelecida outra ligação de antena.

Seleção: Tal como acontece com a comutação, o processamento de seleção apresenta apenas um sinal de antena ao recetor num determinado momento. A antena escolhida, no entanto, baseia-se na melhor relação sinal-ruído (SNR) entre os sinais recebidos. Para tal, é necessário efetuar uma pré-medição e que todas as antenas tenham estabelecido ligações (pelo menos durante a medição da SNR), o que implica uma maior necessidade de potência. O processo de seleção real pode ter lugar entre pacotes de informação recebidos. Isso garante que uma única conexão de antena seja mantida tanto quanto possível. Se necessário, a comutação pode ser efectuada pacote a pacote.

Combinação: Na combinação, todas as antenas mantêm ligações estabelecidas durante todo o tempo. Os sinais são então combinados e apresentados ao recetor. Dependendo da sofisticação do sistema, os sinais podem ser adicionados diretamente (combinação de ganho igual) ou ponderados e adicionados de forma coerente (combinação de rácio máximo). Este sistema oferece a maior resistência ao desvanecimento, mas como todos os caminhos de receção devem permanecer energizados, é também o que consome mais energia.

Controlo dinâmico: Os receptores controlados dinamicamente são capazes de escolher entre os esquemas de processamento acima referidos, sempre que a situação surgir. Embora sejam muito mais complexos, optimizam a relação entre potência e desempenho. As transições entre modos e/ou ligações de antena são assinaladas por uma alteração na qualidade percebida da ligação. Em situações de desvanecimento reduzido, o recetor pode não empregar diversidade e utilizar o sinal apresentado por uma única antena. medida que as condições se degradam, o recetor pode então assumir os modos mais fiáveis, mas que consomem muita energia, acima descritos.

1.2. 4Critério da diversidade :

Chamar uma palavra de código como indicado em (1.2)

$$\mathbf{c} = c_1^1 c_1^2 \ldots c_1^{n_T} c_2^1 c_2^2 \ldots c_2^{n_T} \ldots c_T^1 c_T^2 \ldots c_T^{n_T} \qquad \text{-----------} \ (1.2)$$

e chamar uma palavra-código recebida erradamente descodificada como se mostra em (1.3)

$$\mathbf{e} = e_1^1 e_1^2 \ldots e_1^{n_T} e_2^1 e_2^2 \ldots e_2^{n_T} \ldots e_T^1 e_T^2 \ldots e_T^{n_T} \qquad \text{-----------} \ (1.3)$$

Então a matriz

$$\mathbf{B}(\mathbf{c}, \mathbf{e}) = \begin{bmatrix} e_1^1 - c_1^1 & e_2^1 - c_2^1 & \cdots & e_T^1 - c_T^1 \\ e_1^2 - c_1^2 & e_2^2 - c_2^2 & \cdots & e_T^2 - c_T^2 \\ \vdots & \vdots & \ddots & \vdots \\ e_1^{n_T} - c_1^{n_T} & e_2^{n_T} - c_2^{n_T} & \cdots & e_T^{n_T} - c_T^{n_T} \end{bmatrix}$$

tem de ser de grau completo para qualquer par de palavras de código distintas Cand ".'para dar a ordem de diversidade máxima possível de *nTnR*. Se, em vez disso,, tiver um grau mínimo *b* sobre o conjunto
de pares de palavras-código distintas, então o código espaço-temporal oferece uma diversidade de ordem *bnR*. Um exame dos exemplos de STBCs mostrados abaixo revela que todos eles satisfazem este critério de diversidade máxima.

Os STBC oferecem apenas ganhos de diversidade (em comparação com os esquemas de antena única) e não ganhos de codificação. Não há nenhum esquema de codificação incluído aqui, a redundância fornece apenas diversidade no espaço e no tempo. Isto contrasta com os códigos de treliça espácio-temporais que proporcionam tanto diversidade como ganhos de codificação, uma vez que espalham um código de treliça convencional no espaço e no tempo.

1.3 Ortogonalidade:

Os STBC, tal como foram originalmente introduzidos e como são habitualmente estudados, são ortogonais. Isto significa que o STBC é concebido de forma a que os vectores que representam qualquer par de colunas retiradas da matriz de codificação sejam ortogonais. Isso significa que o produto escalar de quaisquer duas colunas deve ser zero. O resultado é uma descodificação simples, linear e óptima no recetor. A sua desvantagem mais grave é que todos os códigos que satisfazem este critério, exceto um, têm de sacrificar alguma proporção da sua taxa de dados (ver código de Alamouti).

Além disso, existem STBC quase-ortogonais que atingem taxas de dados mais elevadas à custa de interferência inter-símbolos (ISI). Assim, o seu desempenho em termos de taxa de erro é inferior ao dos STBC ortogonais de taxa 1, que proporcionam transmissões sem ISI devido à ortogonalidade.

1.3.1 STBCs quase-ortogonais:

Estes códigos apresentam uma ortogonalidade parcial e fornecem apenas uma parte do ganho de diversidade acima referido. Um exemplo relatado por Hamid Jafarkhani é

$$C_{4,1} = \begin{bmatrix} s_1 & s_2 & s_3 & s_4 \\ -s_2^* & s_1^* & -s_4^* & s_3^* \\ -s_3^* & -s_4^* & s_1^* & s_2^* \\ s_4 & -s_3 & -s_2 & s_1 \end{bmatrix}.$$

O critério de ortogonalidade só é válido para as colunas (1 e 2), (1 e 3), (2 e 4) e (3 e 4). No entanto, o mais importante é que o código é de taxa completa e continua a exigir apenas um processamento linear no recetor, embora a descodificação seja ligeiramente mais complexa do que para os STBC ortogonais. Os resultados mostram que este Q-STBC tem um desempenho superior (no sentido da taxa de erro de bit) ao STBC totalmente ortogonal de 4 antenas numa boa gama de rácios sinal-ruído (SNR). No entanto, em SNRs elevados (acima de cerca de 22 dB neste caso específico), a maior diversidade oferecida pelos STBCs ortogonais produz uma melhor BER. Para além deste ponto, os méritos relativos dos esquemas têm de ser considerados em termos de débito de dados útil.

1.4 Estimativa de máxima verosimilhança:

A estimativa de máxima verosimilhança (MLE) é um método estatístico popular utilizado para ajustar um modelo estatístico aos dados e fornecer estimativas para os parâmetros do modelo. O método da máxima verosimilhança corresponde a muitos métodos de estimativa bem conhecidos em estatística. Por exemplo, suponha que está interessado na altura das girafas adultas. Dispõe de uma amostra de um certo número de girafas adultas, mas não de toda a população, e regista as suas alturas. Além disso, está disposto a assumir que as alturas são normalmente distribuídas com uma média e uma variância desconhecidas. A média da amostra é então o estimador de máxima verosimilhança da média da população, e a variância da amostra é uma aproximação ao estimador de máxima verosimilhança da variância da população.

Para um conjunto fixo de dados e um modelo de probabilidade subjacente, a máxima verosimilhança seleciona os valores dos parâmetros do modelo que tornam os dados "mais prováveis" do que quaisquer outros valores dos parâmetros os tornariam. A estimativa da máxima verosimilhança proporciona uma forma única e fácil de encontrar uma solução no caso da distribuição normal e de muitos outros problemas, embora em problemas muito complexos tal possa não ser o caso. Se for assumida uma distribuição prévia uniforme sobre os parâmetros, a estimativa da máxima verosimilhança coincide com os valores mais prováveis dos mesmos.

O canal entre a antena de transmissão e a antena de receção zero é denotado por h0 e entre a antena de transmissão e a antena de receção um é denotado por h1 é apresentado em (1.4)

$$h_0 = \alpha_0 e^{j\theta_0}$$
$$h_1 = \alpha_1 e^{j\theta_1} \quad \text{------------(1.4)}$$

O ruído e as interferências são adicionados nos dois receptores. Os sinais de banda base recebidos resultantes são

$$r_0 = h_0 s_0 + n_0$$
$$r_1 = h_1 s_0 + n_1 \quad \text{------------(1.5)}$$

em que n0 e n1 representam o ruído complexo e a interferência em (1.5).

Assumindo que n0 e n1 têm distribuição gaussiana, a regra de decisão de máxima verosimilhança apresentada em (1.6) no recetor para estes sinais recebidos é escolher o sinal si se e só se (iff).

$$d^2(r_0, h_0 s_i) + d^2(r_1, h_1 s_i) + d^2(r_1, h_1 s_k), \forall i \neq k \leq d^2(r_0, h_0 s_k) \text{ ------(1.6)}$$

Onde d² (x, y) é a distância euclidiana ao quadrado entre os sinais e é calculada pela expressão (1.7).

$$d^2(x, y) = (x - y)(x^* - y^*). \text{ ------(1.7)}$$

1.5 VLSI:

A integração em muito grande escala (VLSI) é o processo de criação de circuitos integrados através da combinação de milhares de circuitos baseados em transístores numa única pastilha. O VLSI teve início na década de 1970, quando estavam a ser desenvolvidas tecnologias complexas de semicondutores e de comunicações. O microprocessador é um dispositivo VLSI. O termo já não é tão comum como era, uma vez que a complexidade dos chips aumentou para milhares de milhões de transístores.

As primeiras pastilhas de semicondutores tinham dois transístores cada. Os avanços subsequentes adicionaram cada vez mais transístores e, consequentemente, mais funções ou sistemas individuais foram integrados ao longo do tempo. Os primeiros circuitos integrados continham apenas alguns dispositivos, talvez até dez díodos, transístores, resistências e condensadores, tornando possível fabricar uma ou mais portas lógicas num único dispositivo. Atualmente conhecida retrospetivamente como integração em pequena escala (SSI), a melhoria da técnica levou a dispositivos com centenas de portas lógicas, conhecidos como integração em média escala (MSI). Outras melhorias levaram à integração em grande escala (LSI), ou seja, sistemas com pelo menos mil portas lógicas. A tecnologia atual ultrapassou largamente esta marca e os microprocessadores de hoje têm muitos milhões de portas e milhares de milhões de transístores individuais.

Em tempos, houve um esforço para nomear e calibrar os vários níveis de integração em grande escala acima do VLSI. Foram utilizados termos como integração em ultra-grande escala (ULSI). Mas o enorme número de portas e transístores disponíveis em dispositivos comuns tornou essas distinções pouco claras. Os termos que sugerem níveis de integração superiores a VLSI já não são de uso generalizado. Mesmo o termo VLSI é atualmente um pouco estranho, dada a suposição comum de que todos os microprocessadores são VLSI ou superiores.

Desde o início de 2008, estão disponíveis comercialmente processadores com milhares de milhões de transístores, como é o caso do chip Itanium Montecito da Intel. Prevê-se que esta situação se torne mais comum à medida que o fabrico de semicondutores passa da atual geração de processos de 65 nm para as próximas gerações de 45 nm (ao mesmo tempo que se depara com novos desafios, como o aumento da variação nos cantos dos processos). Outro exemplo notável é a GPU da série 280 da Nvidia. Esta GPU é única pelo facto de quase todos os seus 1,4 mil milhões de transístores serem utilizados para a lógica, ao contrário da Itanium, cujo elevado número de transístores se deve em grande parte à sua cache L3 de 24 MB. As concepções actuais, ao contrário dos primeiros dispositivos, utilizam a automatização extensiva da conceção e a síntese lógica automatizada para dispor os transístores, permitindo níveis mais elevados de complexidade na funcionalidade lógica resultante. No entanto, alguns blocos lógicos de elevado desempenho, como a célula SRAM, continuam a ser concebidos manualmente para garantir a máxima eficiência (por vezes, contornando ou infringindo regras de conceção estabelecidas para obter o último bit de desempenho em troca de estabilidade).

1.4.1 Desafios:

À medida que os microprocessadores se tornam mais complexos devido ao aumento da tecnologia, os projectistas de microprocessadores deparam-se com vários desafios que os obrigam a pensar para além do plano de conceção e a olhar para o pós-silício:

> Utilização de energia/dissipação de calor - Como as tensões de limiar deixaram de escalar com o avanço da tecnologia de processamento, a dissipação de energia dinâmica não escalou proporcionalmente. Manter a complexidade lógica ao reduzir a escala do projeto significa apenas que a dissipação de energia por área irá aumentar.
>
> Este facto deu origem a técnicas como o escalonamento dinâmico da tensão e da

frequência (DVFS) para minimizar a potência global.

> Variação do processo - À medida que as técnicas de litografia se aproximam das leis fundamentais da ótica, alcançar uma elevada precisão nas concentrações de dopagem e nos fios gravados está a tornar-se mais difícil e propenso a erros devido à variação. Atualmente, os projectistas têm de fazer simulações em vários cantos do processo de fabrico antes de um chip ser certificado como pronto para produção.

> Regras de conceção mais rigorosas - Devido aos problemas de litografia e gravação com a escala, as regras de conceção para a disposição tornaram-se cada vez mais rigorosas. Os projectistas têm de ter cada vez mais em conta estas regras quando projectam circuitos personalizados. As despesas gerais de conceção personalizada estão agora a atingir um ponto de viragem, com muitas empresas de conceção a optarem por ferramentas de automatização da conceção eletrónica (EDA) para automatizar o seu processo de conceção.

> Encerramento da sincronização/conceção - À medida que as frequências de relógio tendem a aumentar, os projectistas têm cada vez mais dificuldade em distribuir e manter uma baixa distorção de relógio entre estes relógios de alta frequência em todo o chip. Esta situação levou a um interesse crescente em arquitecturas multicore e multiprocessador, uma vez que é possível obter um aumento global da velocidade através da redução da frequência de relógio e da distribuição do processamento.

> Sucesso na primeira passagem - À medida que as dimensões das matrizes diminuem (devido ao aumento de escala) e as dimensões das bolachas aumentam (para reduzir os custos de fabrico), o número de matrizes por bolacha aumenta e a complexidade da produção de máscaras fotográficas adequadas aumenta rapidamente. Um conjunto de máscaras para uma tecnologia moderna pode custar vários milhões de dólares. Esta despesa não recorrente dissuade a antiga filosofia iterativa que envolvia vários "ciclos de rotação" para encontrar erros no silício e incentiva o sucesso do silício numa primeira fase. Foram desenvolvidas várias filosofias de conceção para ajudar este novo fluxo de conceção, incluindo a conceção para fabrico (DFM), a conceção para teste (DFT) e a conceção para X.

1.6 Matriz de portas programáveis em campo (Field-Programmable Gate Array):

Uma **matriz de portas programáveis em campo** (**FPGA**) é um circuito integrado concebido para ser configurado pelo cliente ou pelo projetista após o fabrico, daí ser "programável em campo". A configuração do FPGA é geralmente especificada através de uma linguagem de descrição de hardware (HDL), semelhante à utilizada para um circuito integrado de aplicação específica (ASIC) (anteriormente, utilizavam-se diagramas de circuitos para especificar a configuração, tal como para os ASIC, mas isto é cada vez mais raro). FPGAs como a sparton 3E apresentada na figura 1.2 podem ser utilizadas para implementar qualquer função lógica que um ASIC possa efetuar. A capacidade de atualizar a funcionalidade após o envio, a reconfiguração parcial da parte da conceção e os baixos custos de engenharia não recorrentes em relação a uma conceção ASIC (não obstante o custo unitário geralmente mais elevado), oferecem vantagens para muitas aplicações.

> Os FPGAs contêm componentes lógicos programáveis denominados "blocos lógicos" e uma hierarquia de interconexões reconfiguráveis que permitem que os blocos sejam "ligados entre si", um pouco como uma placa de ensaio programável de um só chip. Os blocos lógicos podem ser configurados para executar funções combinatórias complexas ou apenas portas lógicas simples, como AND e XOR. Na maioria dos FPGAs, os blocos lógicos também incluem elementos de memória, que podem ser simples flip-flops ou blocos de memória mais completos.

Figura 1.2 Spartan 3E XC 3S 500E

Especificações:

- N.º de portas :500k
- CLBs :1164
- Multiplicadores dedicados :20
- DCMs :4
- LUTs :9312

1.6.1 Arquitetura:

A arquitetura FPGA mais comum é constituída por um conjunto de blocos lógicos (designados por bloco lógico configurável, CLB, ou bloco de matriz lógica, LAB, consoante o fornecedor), blocos de E/S e canais de encaminhamento. Em geral, todos os canais de encaminhamento têm a mesma largura (número de fios). Múltiplos pads de E/S podem caber na altura de uma linha ou na largura de uma coluna da matriz. Um circuito de aplicação deve ser mapeado numa FPGA com recursos adequados. Embora o número de CLBs/LABs e E/Ss necessários seja facilmente determinado a partir do projeto, o número de pistas de encaminhamento necessárias pode variar consideravelmente, mesmo entre projectos com a mesma quantidade de lógica. (Por exemplo, um interrutor de barra transversal requer muito mais encaminhamento do que uma matriz sistólica com a mesma contagem de portas). Uma vez que as pistas de encaminhamento não utilizadas aumentam o custo (e diminuem o desempenho) da peça sem proporcionar qualquer benefício, os fabricantes de FPGA tentam fornecer apenas pistas suficientes para que a maioria dos projectos que cabem em termos de LUTs e IOs possam ser encaminhados. Isto é determinado por estimativas como as derivadas da regra de Rent ou por experiências com projectos existentes.

Em geral, um bloco lógico (CLB ou LAB) é constituído por algumas células lógicas apresentadas na figura 1.3 (designadas por ALM, LE, Slice, etc.). Uma célula típica é constituída por uma tabela de pesquisa (LUT) de 4 entradas, um somador completo (FA) e um flip-flop do tipo D, como se mostra a seguir. Nesta figura, a LUT está dividida em duas LUTs de 3 entradas. No modo normal, estas são combinadas numa LUT de 4 entradas através do mux à esquerda. No modo aritmético, as suas saídas são alimentadas ao FA. A seleção do modo é programada no mux do meio. A saída pode ser síncrona ou assíncrona, dependendo da programação do mux à direita, no exemplo da figura. Na prática, a totalidade ou partes do FA são colocadas como funções nas LUTs para poupar espaço.

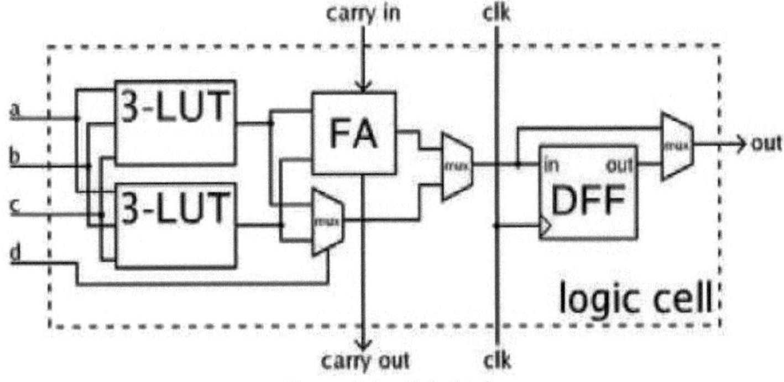

Figura 1.3 célula lógica

Os ALMs e Slices contêm normalmente 2 ou 4 estruturas semelhantes às da fig. 1.3 com alguns sinais partilhados. Os CLBs/LABs contêm normalmente alguns ALMs/LEs/Slices. Nos últimos anos, os fabricantes começaram a mudar para LUTs de 6 entradas nas suas peças de elevado desempenho, alegando um maior desempenho.

Um bloco lógico FPGA clássico é constituído por uma tabela de pesquisa (LUT) de 4 entradas e um flip-flop do tipo D, como se mostra a seguir. Nos últimos anos, os fabricantes começaram a mudar para LUTs de 6 entradas nas suas peças de elevado desempenho, alegando um maior desempenho. Uma vez que os sinais de relógio (e muitas vezes outros sinais de alta frequência) são normalmente encaminhados através de redes de encaminhamento dedicadas para fins especiais em FPGAs comerciais, eles e outros sinais são geridos separadamente. Para esta arquitetura de exemplo, as localizações dos pinos do bloco lógico da FPGA são mostradas na figura 1.4.

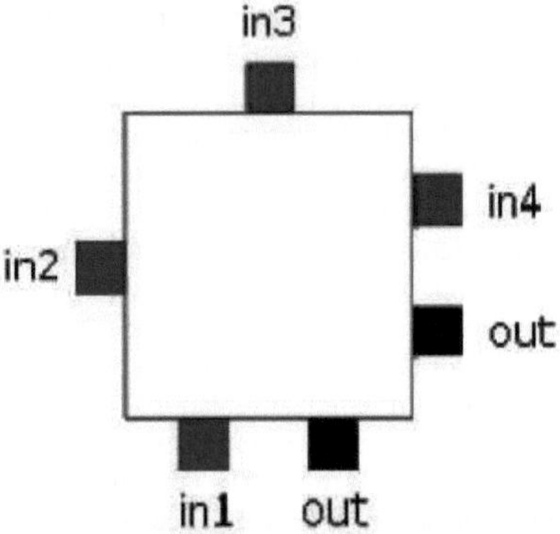

Figura 1.4 Localização dos pinos do bloco lógico

Cada entrada é acessível a partir de um lado do bloco lógico, enquanto o pino de saída pode se conectar a fios de roteamento tanto no canal à direita quanto no canal abaixo do bloco lógico. Cada pino de saída do bloco lógico pode ligar-se a qualquer um dos segmentos de cablagem nos canais adjacentes a ele.

Da mesma forma, um pad de E/S pode ligar-se a qualquer um dos segmentos de cablagem no canal adjacente a ele. Por exemplo, um pad de E/S na parte superior do chip pode ligar-se a qualquer um dos fios W (em que W é a largura do canal) no canal horizontal imediatamente abaixo dele.

Em geral, o roteamento do FPGA é não segmentado. Ou seja, cada segmento de cablagem abrange apenas um bloco lógico antes de terminar numa caixa de comutação. Ao ativar alguns dos interruptores programáveis dentro de uma caixa de interruptores na figura 1.5, podem ser construídos caminhos mais longos. Para uma interligação de maior velocidade, algumas arquitecturas FPGA utilizam linhas de encaminhamento mais longas que abrangem vários blocos lógicos.

Sempre que um canal vertical e um horizontal se intersectam, existe uma caixa de distribuição. Nesta arquitetura, quando um fio entra numa caixa de distribuição, existem três interruptores programáveis que lhe permitem ligar-se a três outros fios em segmentos de canal adjacentes. O padrão, ou topologia, de comutadores utilizados nesta arquitetura é a topologia de caixa de comutação planar ou baseada no domínio. Nesta topologia de switch box, um fio na via número um liga-se apenas a fios na via número um em segmentos de canal adjacentes, fios na via número 2 ligam-se apenas a outros fios na via número 2 e assim por diante. A figura abaixo ilustra as ligações numa caixa de distribuição.

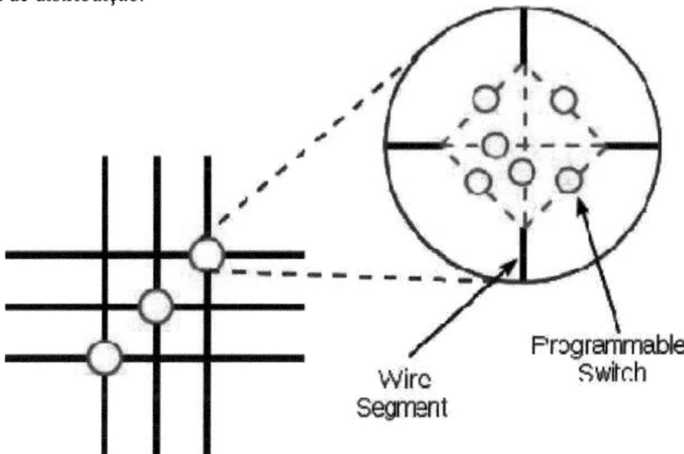

Figura 1.5 Topologia da caixa de distribuição

As famílias modernas de FPGA alargam as capacidades acima referidas para incluir funcionalidades de nível superior fixadas no silício. O facto de estas funções comuns estarem incorporadas no silício reduz a área necessária e confere a essas funções uma maior velocidade em comparação com a sua construção a partir de primitivos. Exemplos disto incluem multiplicadores, blocos DSP genéricos, processadores incorporados, lógica IO de elevado débito e memórias incorporadas.

Os FPGAs também são amplamente utilizados para validação de sistemas, incluindo validação pré-silício, validação pós-silício e desenvolvimento de firmware. Isto permite que os fabricantes de chips validem o seu projeto antes de o chip ser produzido na fábrica, reduzindo o tempo de colocação no mercado.

1.6.2 Fluxo de projeto FPGA:

O fluxo de projeto do ISE na figura 1.6 compreende as seguintes etapas: entrada do projeto, síntese do projeto, implementação do projeto e programação do dispositivo Xilinx. A verificação do projeto, que inclui tanto a verificação funcional quanto a verificação de tempo, ocorre em diferentes pontos durante o fluxo do projeto. Esta secção descreve o que fazer durante cada etapa.

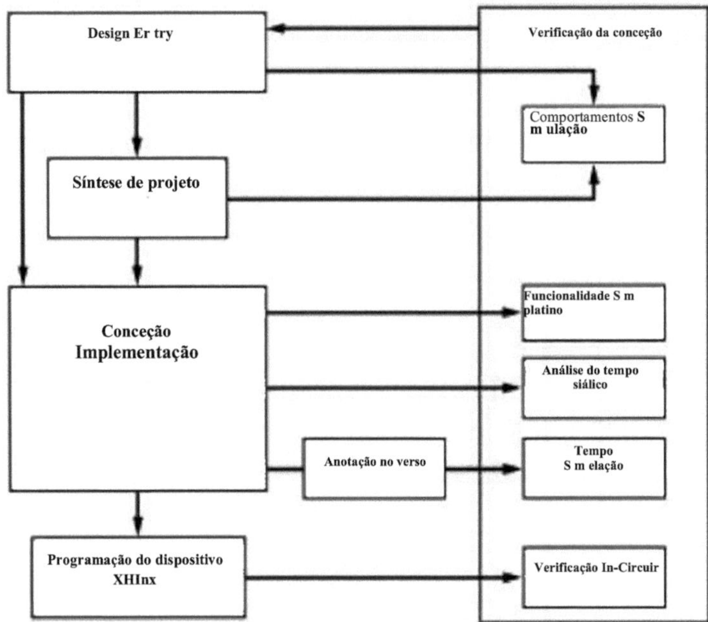

Figura 1.6 Fluxo de conceção

1.6.3 Entrada de design:

Crie um projeto ISE da seguinte forma:

> Criar um projeto.

> Crie ficheiros e adicione-os ao nosso projeto, incluindo um ficheiro de restrições do utilizador (UCF).

> Adicione quaisquer ficheiros existentes ao nosso projeto.

> Atribuir restrições, tais como restrições de temporização, atribuições de pinos e restrições de área.

1.6.4 Verificação funcional:

Podemos verificar a funcionalidade do seu projeto em diferentes pontos do fluxo do projeto, da seguinte forma:

> Antes da síntese, execute a simulação comportamental (também conhecida como simulação RTL).

> Depois de Traduzir, execute a simulação funcional (também conhecida como simulação ao nível da porta), utilizando a biblioteca SIMPRIM.

> Após a programação do dispositivo, efetuar a verificação no circuito.

1.6.5 Síntese de projectos:

Podemos sintetizar o seu design depois de os ficheiros de design terem sido criados. O processo de síntese verificará a sintaxe do código e analisará a hierarquia do nosso design, o que garante que o seu design é optimizado para a arquitetura de design que selecionámos. A lista de redes resultante é salva em um arquivo NGC (para a tecnologia de síntese Xilinx (XST)) ou em um arquivo EDIF (para Leonardo Spectrum, Precision ou Simplify Simplify Pro).

O processo de síntese pode ser utilizado com as seguintes ferramentas de tecnologia de síntese. Selecione uma das seguintes opções para obter informações sobre a execução da nossa ferramenta de síntese:

> Tecnologia de síntese da Xilinx (XST)
> Leonardo Spectrum da Mentor Graphics Inc.
> Precisão da Mentor Graphics Inc.
> Simplify e Synplify Pro da Synplicity Inc.

S Leonardo Spectrum, da Mentor Graphics, Inc., Precision, da Mentor Graphics, Inc., e Synplify e Synplify Pro, da Simplicity Inc., podem ser adquiridos separadamente como programas de síntese. Quando esses programas de síntese são instalados, o ISE fornece a interface necessária para usar as ferramentas de implementação da Xilinx.

1.6.6 Implementação do projeto:

Implementar o nosso projeto da seguinte forma:

> Implementar o nosso projeto, que inclui as seguintes etapas:
f Traduzir
f Mapa
f Local e itinerário

> Rever os relatórios gerados pelo processo de Implementação da Conceção, como o Relatório de Mapas ou o Relatório de Locais e Rotas, e alterar qualquer um dos seguintes aspectos para melhorar a nossa conceção:
f Propriedades do processo
f Restrições
f Ficheiros de origem

> Sintetizar e implementar novamente o nosso projeto até que os requisitos de conceção sejam cumpridos.

1.1.7 Verificação de temporização:

Podemos verificar a temporização do nosso projeto em diferentes pontos do fluxo de projeto da seguinte forma:

> Execute a análise de temporização estática nos seguintes pontos do fluxo do projeto:
f Depois do mapa
f Depois do Local e Rota
f Execute a simulação de temporização nos seguintes pontos do fluxo de design:
f Depois do mapa (para uma análise de temporização parcial dos atrasos do CLB e do IOB)
f Depois de Place and Route (para uma análise de tempo completa dos atrasos de bloco e de rede)

1.1.8 Programação de dispositivos Xilinx:

Programe o nosso dispositivo Xilinx da seguinte forma:

> Criar um ficheiro de programação (BIT) para programar a sua FPGA.

> Gerar um ficheiro PROM, ACE ou JTAG para depuração ou para descarregar para o seu dispositivo.

Utilizar o impacto para programar o dispositivo com um cabo de programação

1.1.9 Aplicações:

As aplicações dos FPGAs incluem o processamento de sinais digitais, rádio definido por software, sistemas aeroespaciais e de defesa, prototipagem de ASIC, imagiologia médica, visão por computador, reconhecimento da fala, criptografia, bioinformática, emulação de hardware informático, radioastronomia, deteção de metais e uma gama crescente de outras áreas.

Os FPGAs começaram por ser concorrentes dos CPLDs e competiam num espaço semelhante, o da lógica de cola para PCBs. Com o aumento das suas dimensões, capacidades e velocidade, começaram a assumir funções cada vez maiores, ao ponto de alguns serem agora comercializados como sistemas completos em chips (SoC). Sobretudo com a introdução de multiplicadores dedicados nas arquitecturas FPGA no final da década de 1990, as aplicações, que tradicionalmente eram reservadas apenas aos DSP, começaram a incorporar FPGA. Os FPGAs encontram aplicações especialmente em qualquer área ou algoritmo que possa utilizar o paralelismo maciço oferecido pela sua arquitetura. Um desses domínios é a quebra de código, em especial o ataque de força bruta, de algoritmos criptográficos.

Os FPGA são cada vez mais utilizados em aplicações convencionais de computação de alto desempenho, em que os núcleos de cálculo, como a FFT ou a convolução, são efectuados no FPGA em vez de num microprocessador. O paralelismo inerente aos recursos lógicos numa FPGA permite um rendimento computacional considerável, mesmo a baixas frequências de relógio em MHz. A flexibilidade do FPGA permite um desempenho ainda mais elevado, trocando a precisão e o intervalo no formato do número por um maior número de unidades aritméticas paralelas. Este facto conduziu a um novo tipo de processamento designado por computação reconfigurável, em que as tarefas de tempo intensivo são transferidas do software para os FPGAs.

A adoção de FPGAs na computação de alto desempenho é atualmente limitada pela complexidade da conceção de FPGAs em comparação com o software convencional e pelos tempos de execução das actuais ferramentas de conceção.

Tradicionalmente, os FPGAs têm sido reservados para aplicações verticais específicas em que o volume de produção é pequeno. Para estas aplicações de baixo volume, o prémio que as empresas pagam em custos de hardware por unidade por um chip programável é mais acessível do que os recursos de desenvolvimento gastos na criação de um ASIC para uma aplicação de baixo volume. Atualmente, a nova dinâmica de custos e desempenho alargou a gama de aplicações viáveis.

1.1.10 FPGA versus CPLD:

As principais diferenças entre os CPLD e os FPGA são arquitecturais. Um CPLD tem uma estrutura algo restritiva que consiste em uma ou mais matrizes lógicas programáveis de soma de produtos que alimentam um número relativamente pequeno de registos com relógio. O resultado é uma menor flexibilidade, com a vantagem de atrasos de tempo mais previsíveis e uma relação lógica/interligação mais elevada. As arquitecturas FPGA, por outro lado, são dominadas pela interligação. Este facto torna-as muito mais flexíveis (em termos da gama de concepções que podem ser implementadas nelas), mas também muito mais complexas de conceber.

Outra diferença notável entre os CPLD e os FPGA é a presença, na maioria dos FPGA, de funções incorporadas de nível superior (como somadores e multiplicadores) e de memórias incorporadas, bem como a existência de blocos lógicos que implementam descodificadores ou funções matemáticas.

1.7 Wi- Max:

O Wi-MAX, acrónimo de **Worldwide Interoperability for Microwave Access**, é um protocolo de telecomunicações apresentado na figura 1.7 que permite o acesso fixo e totalmente móvel à Internet. A atual revisão do Wi-MAX permite velocidades até 40 Mbps, prevendo-se que a atualização IEEE 802.16m ofereça velocidades fixas até 1 Gbit/s. (O Wi-MAX baseia-se na norma IEEE 802.16, também designada por Broadband Wireless Access).

O nome "Wi-MAX" foi criado pelo Fórum Wi-MAX, formado em junho de 2001 para promover a conformidade e a interoperabilidade da norma. O fórum descreve o Wi-MAX como "uma tecnologia baseada em normas que permite o fornecimento de acesso de banda larga sem fios de última milha como alternativa ao cabo e à DSL".

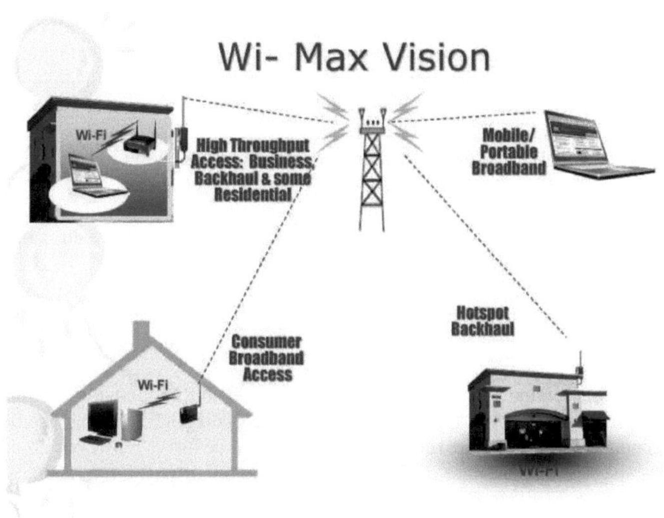

Figura 1.7 Visões Wi- Max

1.7.1 Utilizações:

A largura de banda e o alcance do Wi-MAX tornam-no adequado para as seguintes aplicações potenciais:

Fornecer conetividade de banda larga móvel portátil em cidades e países através de uma variedade de dispositivos.

- Proporcionar uma alternativa sem fios ao cabo e à DSL para o acesso de banda larga de "última milha".
- Prestação de serviços de dados, telecomunicações (VoIP) e IPTV (triple play).
- Fornecer uma fonte de conetividade à Internet como parte de um plano de continuidade do negócio. Ou seja, se uma empresa tiver uma ligação à Internet fixa e sem fios, especialmente de fornecedores não relacionados, é menos provável que seja afetada pela mesma falha de serviço.
- Fornecer uma rede para facilitar as comunicações máquina-a-máquina, por exemplo, para contadores inteligentes.

1.7.2 Comparação com Wi-Fi:

As comparações e confusões entre Wi-MAX e Wi-Fi são frequentes porque ambos estão relacionados com a conetividade sem fios e o acesso à Internet.

- O Wi-MAX é um sistema de longo alcance, cobrindo muitos quilómetros, que utiliza espetro licenciado ou não licenciado para fornecer ligação a uma rede, na maioria dos casos a Internet.
- O Wi-Fi utiliza espetro não licenciado para fornecer acesso a uma rede local.
- O Wi-Fi é mais popular nos dispositivos do utilizador final.
- O Wi-Fi funciona com o protocolo CSMA/CA do controlo de acesso aos meios de comunicação, que é sem ligação e baseado na contenção, enquanto o Wi-MAX funciona com um MAC orientado para a ligação.
- O Wi-MAX e o Wi-Fi têm mecanismos de qualidade de serviço (QoS) bastante diferentes:
  - *s* Wi-MAX utiliza um mecanismo de QoS baseado em ligações entre a estação de base e o dispositivo do utilizador. Cada ligação baseia-se em algoritmos de programação específicos.

  O Wi-Fi **da Samsung** utiliza acesso de contenção - todas as estações de assinantes que desejam passar dados através de um ponto de acesso sem fios (AP) estão a competir pela atenção do AP numa base de interrupção aleatória. Este facto pode fazer com que as estações de assinantes distantes do AP sejam repetidamente interrompidas por estações mais próximas, reduzindo consideravelmente o seu débito.

> Tanto a 802.11 como a 802.16 definem redes Peer-to-Peer (P2P) e ad hoc, em que um utilizador final comunica com utilizadores ou servidores de outra rede local (LAN) utilizando o seu ponto de acesso ou estação de base.

O Wi-Fi e o WiMAX são complementares. Os operadores de rede WiMAX fornecem normalmente uma unidade de assinante WiMAX que se liga à rede WiMAX metropolitana e fornece Wi-Fi dentro de casa ou da empresa para dispositivos locais (por exemplo, Computadores portáteis, telemóveis Wi-Fi, telefones inteligentes) para a conetividade. Deste modo, o utilizador pode colocar a unidade de assinante Wi-MAX na melhor zona de receção (por exemplo, numa janela) e continuar a utilizar a rede Wi-MAX a partir de qualquer local da sua residência.

1.7.3 Limitações:

Um equívoco comum é que o Wi-MAX fornecerá 70 Mbit/s ao longo de 31 milhas/50 quilómetros. Na realidade, o Wi-MAX só pode fazer uma coisa ou outra. O funcionamento ao longo do alcance máximo (31 milhas/50 km) aumenta a taxa de erro de bits e, por isso, tem de utilizar uma taxa de bits mais baixa. Diminuir o alcance permite que um dispositivo funcione com taxas de bits mais elevadas.

Normalmente, as redes Wi-MAX fixas têm uma antena direcional de maior ganho instalada perto do cliente, o que resulta num aumento significativo do alcance e do débito. As redes Wi-MAX móveis são normalmente constituídas por "equipamentos das instalações do cliente" (CPE) interiores, como modems de secretária, computadores portáteis com Wi-MAX móvel integrado ou outros dispositivos Wi-MAX móveis. Os dispositivos móveis Wi-MAX têm normalmente uma antena omnidirecional de menor ganho em comparação com as antenas direcionais, mas são mais portáteis. Na prática, isto significa que, num ambiente de linha de vista com um CPE móvel Wi-MAX portátil, podem ser fornecidos débitos de 10 Mbit/s a 6 milhas/10 km. No entanto, em ambientes urbanos, pode não haver linha de vista e, por conseguinte, os utilizadores podem receber apenas 10 Mbit/s em 2 km. Nas implantações actuais, os débitos estão frequentemente mais próximos de 2 Mbit/s simétricos a 10 km com Wi-MAX fixo e uma antena de elevado ganho. É igualmente importante considerar que um débito de 2 Mbit/s pode significar 2 Mbit/s, simétrico em simultâneo, 1 Mbit/s simétrico ou uma mistura assimétrica (por exemplo, ligação descendente de 0,5 Mbit/s e ligação ascendente de 1,5 Mbit/s ou ligação descendente de 1,5 Mbit/s e ligação ascendente de 0,5 Mbit/s), cada uma das quais exigindo equipamentos e configurações de rede ligeiramente diferentes. As antenas direcionais de maior ganho podem ser utilizadas com uma rede Wi-MAX móvel, com vantagens em termos de alcance e débito, mas com a óbvia perda de mobilidade prática. Como na maioria dos sistemas sem fios, a largura de banda disponível é partilhada entre os utilizadores de um determinado sector de rádio, pelo que o desempenho pode deteriorar-se no caso de muitos utilizadores activos num único sector. Na prática, muitos utilizadores terão uma gama de serviços de 2, 4, 6, 8, 10 ou 12 Mbit/s e serão acrescentados cartões de rádio adicionais à estação de base para aumentar a capacidade conforme necessário.

Por este motivo, várias arquitecturas de rede granulares e distribuídas estão a ser incorporadas no Wi-MAX através de desenvolvimento independente e no âmbito do grupo de trabalho 802.16j mobile multi-hop relay (MMR). Isto inclui redes em malha sem fios, grelhas, repetidores de estações remotas de rede que podem alargar as redes e ligar-se ao backhaul.

1.7.4 Tecnologias concorrentes:

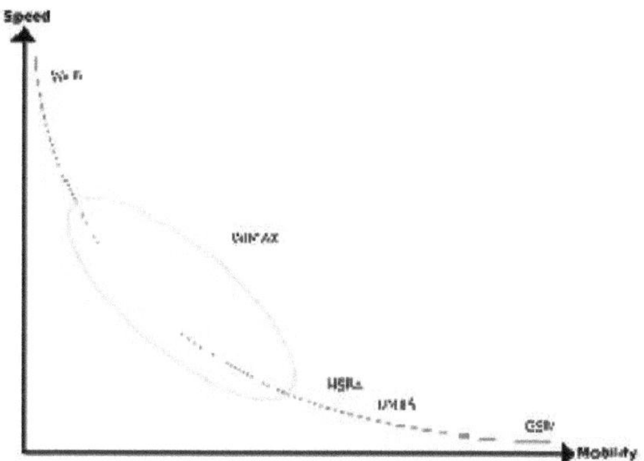

Figura 1.8 Velocidade vs. Mobilidade dos sistemas sem fios: Wi-Fi, HSPA, UMTS e GSM

No mercado, a principal concorrência do WiMAX provém dos sistemas sem fios existentes amplamente implantados, como o UMTS e o CDMA2000, bem como de alguns sistemas orientados para a Internet, como o HIPERMAN. A comparação da velocidade do Wi- Max com outros sistemas é apresentada na figura 1.8

Os sistemas de telefonia celular 3G beneficiam normalmente do facto de já possuírem uma infraestrutura consolidada, tendo sido actualizados a partir de sistemas anteriores. Os utilizadores podem normalmente voltar aos sistemas mais antigos quando saem do alcance do equipamento atualizado, muitas vezes de forma relativamente simples.

As principais normas celulares estão a evoluir para as chamadas redes 4G, de elevada largura de banda e baixa latência, totalmente IP, com serviços de voz incorporados. No caso do GSM/UMTS, a passagem para a 4G está a ser efectuada pelo 3GPP Long Term Evolution. Para as normas derivadas da AMPS/TIA, como a CDMA2000, está a ser desenvolvido um substituto denominado Ultra Mobile Broadband. Em ambos os casos, as interfaces aéreas existentes estão a ser eliminadas, a favor do OFDMA para a ligação descendente e de uma variedade de técnicas baseadas no OFDM para a ligação ascendente, muito semelhante ao WiMAX.

1.8 Motivação:

Embora tenham sido desenvolvidas várias técnicas de diversidade para eliminar o efeito do desvanecimento multipercurso nas comunicações sem fios, estas apresentam alguns problemas

Em primeiro lugar, em todas as técnicas de diversidade de receção, melhorar o desempenho aumentando a complexidade do equipamento no recetor torna-se mais problemático, porque as unidades remotas são supostamente pequenos comunicadores de bolso leves.

Em segundo lugar, as técnicas existentes têm mais hardware e complexidades computacionais, pelo que não é possível otimizar a sua implementação devido aos requisitos de potência e ao tamanho.

Assim, para evitar as complexidades acima referidas, é introduzido um novo algoritmo eficaz.

1.9 Objectivos:

A ideia básica do trabalho é resumida da seguinte forma:

- Estudar as técnicas de diversidade existentes, bem como os seus méritos e deméritos.
- Apresentar uma versão melhorada do esquema de diversidade baseado no algoritmo de Alamouti e modificações do algoritmo de Alamouti para melhorar o desempenho do sistema de comunicações sem fios e reduzir os requisitos de energia.

1.10 Organização da tese:

Chapter 1, é feita uma revisão sobre o efeito de desvanecimento e os seus métodos de eliminação nas comunicações sem fios, sendo também discutidas as tecnologias utilizadas para implementar o projeto.

Chapter 2, Introduz códigos de bloco espaço-temporais para melhorar o desempenho do sistema de comunicação sem fios e propõe um novo algoritmo para a conceção óptima.

Chapter 3, & 4, Explica a ideia básica do projeto, o diagrama de blocos do descodificador e o princípio de funcionamento com FSM.

Capítulo 5, uma breve discussão sobre o software utilizado para conceber, simular e implementar.

Discutimos os méritos e as aplicações do algoritmo proposto e apresentamos os resultados da simulação, síntese e implementação nos capítulos 6 e 7. Finalmente, no capítulo 8, são apresentadas as conclusões e os aspectos futuros.

CAPÍTULO 2

Códigos de bloco espaço-temporal

2.1 Introdução:

A maioria dos trabalhos sobre comunicações sem fios centrou-se na existência de um conjunto de antenas apenas numa extremidade da ligação sem fios, normalmente no recetor. Os trabalhos seminais de Gerard J. Foschini e Michael J. Gans Foschini e Emre Telatar alargaram o âmbito das possibilidades de comunicação sem fios ao mostrarem que, para o ambiente de elevada dispersão, são possíveis ganhos substanciais de capacidade quando são utilizados conjuntos de antenas em ambas as extremidades de uma ligação. Uma abordagem alternativa à utilização de múltiplas antenas consiste em ter múltiplas antenas de transmissão e, opcionalmente, múltiplas antenas de receção. Propostos por Vahid Tarokh, Nambi Seshadri e Robert Calderbank, estes códigos espácio-temporais (STC) permitem obter melhorias significativas na taxa de erro em relação aos sistemas de antena única. O seu esquema original baseava-se em códigos de treliça, mas os códigos de bloco mais simples foram utilizados por Siavash Alamouti e, mais tarde, por Vahid Tarokh, Hamid Jafarkhani e Robert Calderbank para desenvolver códigos de bloco espaço-tempo (STBC). O STC envolve a transmissão de múltiplas cópias redundantes de dados para compensar o desvanecimento e o ruído térmico, na esperança de que algumas delas possam chegar ao recetor num estado melhor do que outras. No caso do STBC, em particular, o fluxo de dados a transmitir é codificado em blocos, que são distribuídos por antenas espaçadas e ao longo do tempo. Embora seja necessário ter várias antenas de transmissão, não é necessário ter várias antenas de receção, embora isso melhore o desempenho. Este processo de receção de diversas cópias dos dados é conhecido como receção de diversidade e é o que foi amplamente estudado até ao artigo de Foschini de 1998.

Um STBC é normalmente representado por uma matriz. Cada linha representa um intervalo de tempo e cada coluna representa as transmissões de uma antena ao longo do tempo.

$$\text{time-slots}\downarrow\ \overset{\text{transmit antennas}\ \longrightarrow}{\begin{bmatrix} s_{11} & s_{12} & \cdots & s_{1n_T} \\ s_{21} & s_{22} & \cdots & s_{2n_T} \\ \vdots & \vdots & & \vdots \\ s_{T1} & s_{T2} & \cdots & s_{Tn_T} \end{bmatrix}}$$

Aqui, *sij* é o símbolo modulado a ser transmitido na faixa horária *i a* partir da antena *j*. Devem existir *T* faixas horárias e *nT* antenas de transmissão, bem como *nR* antenas de receção. Este bloco é geralmente considerado como tendo um "comprimento" *T*

A taxa de código de um STBC mede o número de símbolos por intervalo de tempo que transmite, em média, ao longo de um bloco. Se um bloco codifica *k* símbolos, a taxa de código é

$$r = \frac{k}{T}.$$

Apenas um STBC padrão pode atingir a taxa total (taxa 1) - o código de Alamouti.

2.2 Código de Alamouti:

Embora tenham sido introduzidos vários esquemas de diversidade de transmissão na última década, os códigos de bloco espaço-tempo (STBC) surgiram recentemente como um esquema promissor de diversidade de transmissão devido à complexidade de descodificação simples no recetor. Inicialmente, o notável esquema de diversidade de transmissão de Alamouti estabeleceu a base para o STBC. Alamouti inventou o mais simples de todos os STBC em 1998, embora não tenha sido ele próprio a cunhar o termo "código de bloco espaço-tempo". Foi concebido para um sistema de duas antenas de transmissão.

2.2.1 Codificação STBC:

De acordo com a invenção de Alamouti, a matriz geradora (matriz de transmissão) para 2 antenas O sistema de codificação no transmissor é

$$C_2 = \begin{bmatrix} c_1 & c_2 \\ -c_2^* & c_1^* \end{bmatrix}$$

Em que * representa o conjugado complexo.

É facilmente visível que se trata de um código de taxa 1. São necessários dois intervalos de tempo para transmitir dois símbolos. Utilizando o esquema de descodificação ótimo discutido a seguir, a taxa de erro de erro (BER) deste STBC é equivalente à combinação de rácio máximo (MRC) de *2nR* ramos. Este facto resulta da ortogonalidade perfeita entre os símbolos após o processamento da receção: existem duas cópias de cada símbolo transmitidas e *nR* cópias recebidas.

Este é um STBC muito especial. É o **único** STBC ortogonal que atinge a taxa-1. Ou seja, é o único STBC que pode atingir seu ganho total de diversidade sem precisar sacrificar sua taxa de dados. Estritamente, isso só é verdadeiro para símbolos de modulação complexos. No entanto, uma vez que quase todos os diagramas de constelação se baseiam em números complexos, esta propriedade dá normalmente ao código de Alamouti uma vantagem significativa sobre os STBC de ordem superior, embora estes obtenham um melhor desempenho em termos de taxa de erro. Para mais pormenores, ver "Limites de taxa".

A importância da proposta de Alamouti em 1998 reside no facto de ter sido a primeira demonstração de um método de codificação que permite uma diversidade total com processamento linear no recetor. As propostas anteriores de diversidade de transmissão exigiam esquemas de processamento que aumentavam exponencialmente com o número de antenas de transmissão. Além disso, foi a primeira técnica de diversidade de transmissão em circuito aberto com esta capacidade. As generalizações subsequentes do conceito de Alamouti tiveram um enorme impacto na indústria das comunicações sem fios.

2.2.2 STBCs de ordem superior:

Tarokh et al. descobriram um conjunto de STBCs que são particularmente simples e cunharam o nome do esquema. Também provaram que nenhum código para mais de 2 antenas de transmissão poderia atingir a taxa total. Os seus códigos foram entretanto melhorados (tanto pelos autores originais como por muitos outros). No entanto, eles servem como exemplos claros de por que a taxa não pode chegar a 1 e que outros problemas devem ser resolvidos para produzir "bons" STBCs. Também demonstraram o esquema de descodificação simples e linear que acompanha os seus códigos, assumindo que a informação sobre o estado do canal é perfeita.

3 Antenas de transmissão:

Dois códigos simples para 3 antenas de transmissão são:

$$G_3 = \begin{bmatrix} c_1 & c_2 & c_3 \\ -c_2 & c_1 & -c_4 \\ -c_3 & c_4 & c_1 \\ -c_4 & c_3 & c_2 \\ c_1^* & c_2^* & c_3^* \\ -c_2^* & c_1^* & -c_4^* \\ -c_3^* & c_4^* & c_1^* \\ -c_4^* & -c_3^* & c_2^* \end{bmatrix}$$

Estes códigos atingem uma taxa de 1/2 e uma taxa de 3/4, respetivamente. Estas duas matrizes dão exemplos da razão pela qual os códigos para mais de duas antenas têm de sacrificar a taxa, pois é a única forma de atingir a ortogonalidade. Um problema particular do *C3*,3 / 4 é o facto de ter uma potência desigual entre os símbolos que transmite. Isto significa que o sinal não tem um envelope constante e que a potência que cada antena deve transmitir tem de variar, o que é indesejável. Foram entretanto concebidas versões modificadas deste código que ultrapassam este problema.

4 Antenas de transmissão:

Dois códigos simples para 4 antenas de transmissão são:

$$G_4 = \begin{bmatrix} c_1 & c_2 & c_3 & c_4 \\ -c_2 & c_1 & -c_4 & c_3 \\ -c_3 & c_4 & c_1 & c_2 \\ -c_4 & -c_3 & c_2 & c_1 \\ c_1^* & c_2^* & c_3^* & c_4^* \\ -c_2^* & c_1^* & -c_4^* & c_3^* \\ -c_3^* & c_4^* & c_1^* & -c_2^* \\ -c_4^* & -c_3^* & c_2^* & c_1^* \end{bmatrix}$$

Estes códigos atingem uma taxa de 1/2 e uma taxa de 3/4, respetivamente, tal como os seus homólogos de 3 antenas. C4,3 / 4 apresenta os mesmos problemas de potência desigual que *C3,3* / 4.

Uma versão melhorada de $C_{4,3/4}$ is

que tem a mesma potência de todas as antenas em todos os intervalos de tempo.

$$C_{4,3/4} = \begin{bmatrix} c_1 & c_2 & s_3 & 0 \\ -c_2^* & c_1^* & 0 & c_3 \\ -c_3^* & 0 & c_1^* & -c_2 \\ 0 & -c_3^* & c_2^* & c_1 \end{bmatrix}$$

2.2.3 Descodificação STBC:

No recetor, a caraterística ortogonal dos STBCs resulta num esquema de descodificação que é função de apenas um símbolo transmitido. Por conseguinte, a complexidade da descodificação depende linearmente da dimensão da constelação. As métricas de decisão são utilizadas para desenvolver o algoritmo de descodificação.

2.2. 4Métricas de decisão :

As métricas de *decisão*$M_{G2}(c_1, p_k)$e$M_{G2}(c_1, p_k)$de *G2*, $M_{G3}(c_1, p_k)$ de *G3*, e$M_{G4}(c_1, p_k)$, de G4, são apresentadas a seguir, em que *pk* representa o sinal ***k****th* da constelação transmitida. As métricas de decisão para detetar *c2, c3*, e *c4* das matrizes de transmissão de G3 e G4 são semelhantes a$M_{G3}(c_1, p_k)$, e $M_{G4}(c_1, p_k)$e podem ser encontradas em [3]. Nas métricas seguintes, r_t^j refere-se ao sinal complexo recebido no intervalo de tempo ***t*** na antena recetora ***j***, e *aij* denota o ganho complexo do canal desde a antena transmissora ***i*** até à antena recetora *j*.

$$M_{G2}(c_1, p_k) = \left| \left[\sum_{j=1}^{m} (r_1^j \alpha_{1,j}^* + (r_2^j)^* \alpha_{2,j}) \right] - p_k \right|^2 + \left(-1 + \sum_{j=1}^{m} \sum_{i=1}^{2} |\alpha_{i,j}|^2 \right) |p_k|^2 \quad \text{------ (2.1)}$$

$$M_{G2}(c_2, p_k) = \left| \left[\sum_{j=1}^{m} (r_1^j \alpha_{2,j}^* + (r_2^j)^* \alpha_{1,j}) \right] - p_k \right|^2 + \left(-1 + \sum_{j=1}^{m} \sum_{i=1}^{2} |\alpha_{i,j}|^2 \right) |p_k|^2 \quad \text{------ (2.2)}$$

$$M_{G3}(c_1, p_k) = \left| \left[\sum_{j=1}^{m} (r_1^j \alpha_{1,j}^* + r_2^j \alpha_{2,j}^* + r_3^j \alpha_{3,j}^* + (r_5^j)^* \alpha_{1,j} + (r_6^j)^* \alpha_{2,j} + (r_7^j)^* \alpha_{3,j}) \right] - p_k \right|^2$$

$$+ \left(-1 + 2 \sum_{j=1}^{m} \sum_{i=1}^{3} |\alpha_{i,j}|^2 \right) |p_k|^2 \quad \text{------- (2.3)}$$

$$M_{G3}(c_1, p_k) = \left| \left[\sum_{j=1}^{m} (r_1^j \alpha_{1,j}^* + r_2^j \alpha_{2,j}^* + r_3^j \alpha_{3,j}^* + r_4^j \alpha_{4,j}^* + (r_5^j)^* \alpha_{1,j} + (r_6^j)^* \alpha_{2,j} + (r_7^j)^* \alpha_{3,j} \right.\right.$$

$$+(r_8^j)^* \alpha_{4,j})] - p_k|^2 + \left(-1 + 2\sum_{j=1}^{m}\sum_{i=1}^{4}|\alpha_{i,j}|^2\right)|p_k|^2 \quad \text{-------} (2.4)$$

Na secção 1.3, mostra-se que a deteção de máxima verosimilhança é equivalente à minimização da métrica de decisão dada acima. Para detetar c_l o recetor calcula a métrica de decisão separadamente para cada sinal, *pk,* na constelação e é tomada uma decisão a favor do sinal com a métrica mais pequena. Por exemplo, se for utilizada a matriz de transmissão **G3** e a modulação 8-PSK, cada um dos **8** sinais do conjunto de constelação 8-PSK é substituído em (3) por *pk* e é selecionado o sinal que minimiza a métrica. O mesmo método é repetido para *c2,* c3 e ***c4.***

2.2 Algoritmo de descodificação proposto:

Nesta secção, é descrito um método alternativo, que é mais eficiente em termos de consumo de energia e adequado para uma implementação ASIC flexível, para avaliar as métricas de decisão. A estratégia adoptada reduz efetivamente a complexidade da descodificação em comparação com o método descrito na secção anterior. O algoritmo desenvolvido chega à sua decisão sem estimar explicitamente a métrica de decisão para todos os sinais na constelação e procurar o mínimo. Este algoritmo é apresentado para matrizes de transmissão G2, e esquema de modulação BPSK, no entanto pode ser facilmente generalizado para matrizes de transmissão **G3** e **G4** e esquemas de modulação QPSK, 8-PSK e 16-QAM.

Para desenvolver um método eficiente, é desejável obter uma representação geral, que seja comum a todas as métricas de decisão. Uma inspeção das métricas revela que todas as métricas de decisão (1), (2) consistem em duas partes distintas. r_t j , ai, j e a segunda é apenas função de ai, j . Na primeira parte da métrica de decisão, após todas as operações de multiplicação e adição, obtém-se um número complexo, que representamos como $a + jb$. A segunda parte é apenas um número real constante, que definimos como p. As expressões para $a + jb$ e p são apresentadas de seguida para $MG3(c1, p_k)$.

$$\text{a+jb} = \sum_{j=1}^{m}\left(r_1^j\alpha_{1,j}^* + r_2^j\alpha_{2,j}^* + r_3^j\alpha_{3,j}^* + (r_5^j)^*\alpha_{1,j} + (r_6^j)^*\alpha_{2,j} + (r_7^j)^*\alpha_{3,j}\right)$$

$$\beta = \left(-1 + 2\sum_{j=1}^{m}\sum_{i=1}^{2}|\alpha_{i,j}|^2\right)$$

Utilizando esta notação, obtém-se uma representação geral para todas as métricas de decisão como em (2.5).

$$M = |(a + jb) - p_k|^2 + \beta|p_k|^2 \quad \text{---------} (2.5)$$

Para procurar um descodificador computacionalmente eficiente, podem ser aplicadas algumas manipulações matemáticas a (2.5). Se deixarmos $p_k = p_x + jp_y$ e substituirmos em (2.5), obtemos:

$$M(p_k) = |(a + jb) - (p_x + jp_y)|^2 + \beta(p_x^2 + p_y^2)$$

$$M(p_k) = a^2 + b^2 + p_x^2 + p_y^2 - 2(ap_x + bp_y) + \beta(p_x^2 + p_y^2) \quad \text{----------} (2.6)$$

O descodificador minimiza a métrica de decisão para detetar o sinal transmitido sobre todos os valores possíveis de $p_k = p_x + jp_y$ no conjunto de sinais. Durante a minimização de (2.6), algumas simplificações úteis podem ser efectuadas como se segue.

1. $a^2 + b^2$ é comum a todos os p_k e não é necessário incluí-los nas comparações. Por conseguinte, obtemos (2.7)

$$M(p_k) = p_x^2 + p_y^2 - 2(ap_x + bp_y) + \beta(p_x^2 + p_y^2) \quad \text{-----------} (2.7)$$

2. Se as energias dos sinais da constelação forem as mesmas, como em BPSK, QPSK e 8-PSK, então $p2 + p_y^2 + fi[p2 + p_y^2]$ é também um termo comum para todas as comparações. Por conseguinte, após

simplificações, obtém-se

$$y = \min(M(p_k)) = \min(-2(ap_X + bp_y))$$

ou, de forma equivalente

$$y = \max(ap_x + bp_y) \qquad \text{----------- (2.8)}$$

Sobre todos os valores possíveis de $p_k = p_X + jp_y$ Em (2.8), o termo, $(ap_X + bp_y)$ é maximizado se e só se ap_X e bp_y forem números positivos. Um máximo ocorre quando a tem o mesmo sinal que p_X e b tem o mesmo sinal que p_y . Portanto, os sinais de a e b determinam os sinais do sinal da constelação que maximiza (2.8). Esta observação leva-nos a uma solução muito simples. O quadrante do sinal transmitido é encontrado apenas observando os sinais dos bits a e b. Em BPSK e QPSK, depois de calcular a estimativa $a + jb$, o descodificador não efectua mais nenhum cálculo. O descodificador toma uma decisão observando os bits de sinal de a e b. Esta observação também pode ser utilizada pelas outras constelações, como 8-PSK e **16-QAM**, para reduzir as possibilidades de procura do sinal transmitido. A determinação do quadrante do sinal que maximiza (2.8) permite-nos ignorar os sinais localizados nos outros três quadrantes. Em 16-QAM e 8-PSK, a determinação de um quadrante reduz o número de possibilidades para 4 em 16-QAM e para 3 em 8-PSK. Para estes dois esquemas de modulação, a estratégia de descodificação simples acima descrita pode ser alargada para chegar à decisão final dentro de um quadrante. Estas extensões serão discutidas nas secções pertinentes mais adiante. Com base nestas observações, é descrito um algoritmo computacionalmente eficiente para BPSK, QPSK, 8-PSK e 16-QAM.

2.2.1 Esquema de modulação BPSK:

Como se pode observar na Figura 2.1, não há sinal complexo na constelação e (2.8) é

$$y = \max(ap_x)$$

simplificado para .

Por conseguinte, depois de "a" ser calculado, não é necessária mais nenhuma operação e o sinal transmitido é determinado com base no sinal de "a".

Se *(Sinal (a) = positivo)* $\quad y = p1$

Se [Sinal (a) = negativo] y = p2

Diagrama de constelação BPSK

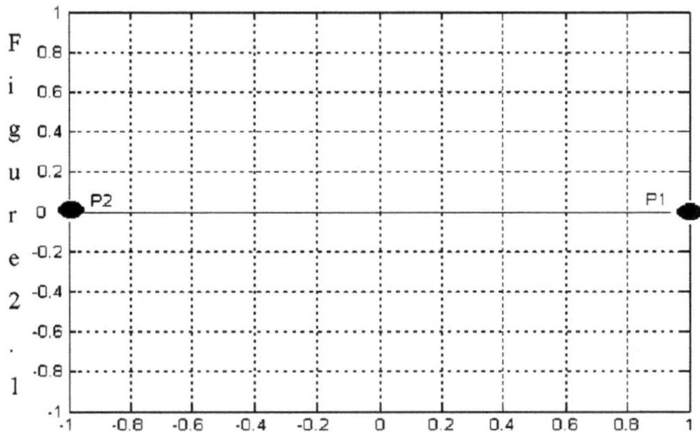

Figure 2.1

CAHPTER 3

Ideia de base do projeto

O STBC é normalmente representado por uma matriz. Cada linha representa um intervalo de tempo e cada coluna representa as transmissões de uma antena ao longo do tempo e, em geral, tem apenas uma antena recetora para simplificar o hardware, como na figura 3.1. A forma como os símbolos são transmitidos a partir de diferentes antenas é mostrada na figura 3.2.

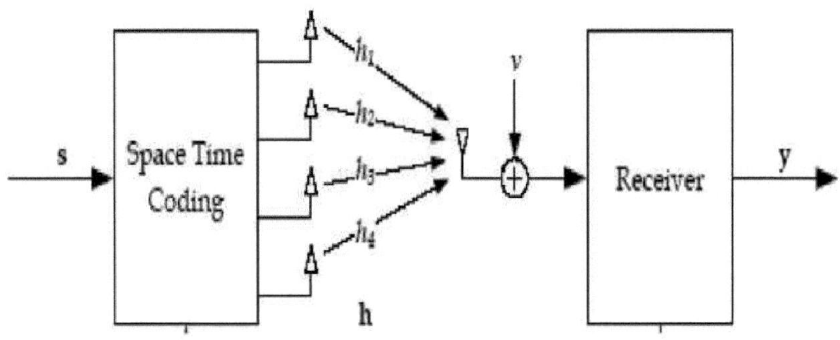

Figura 3.1 Ideia básica do projeto

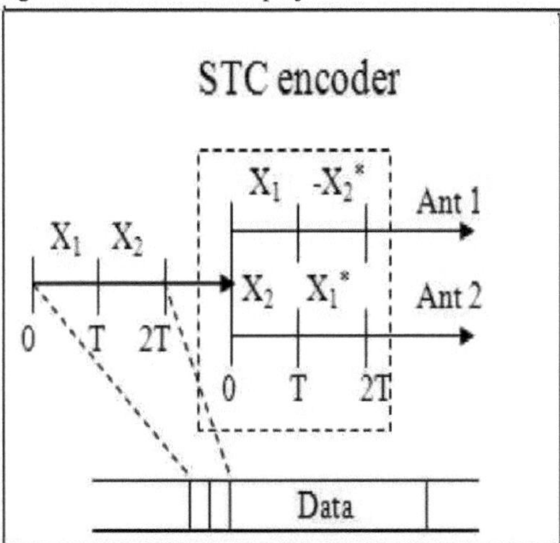

Figura 3.2 Codificador STBC

CAPÍTULO 4

4.1 Diagrama de blocos do descodificador STBC:

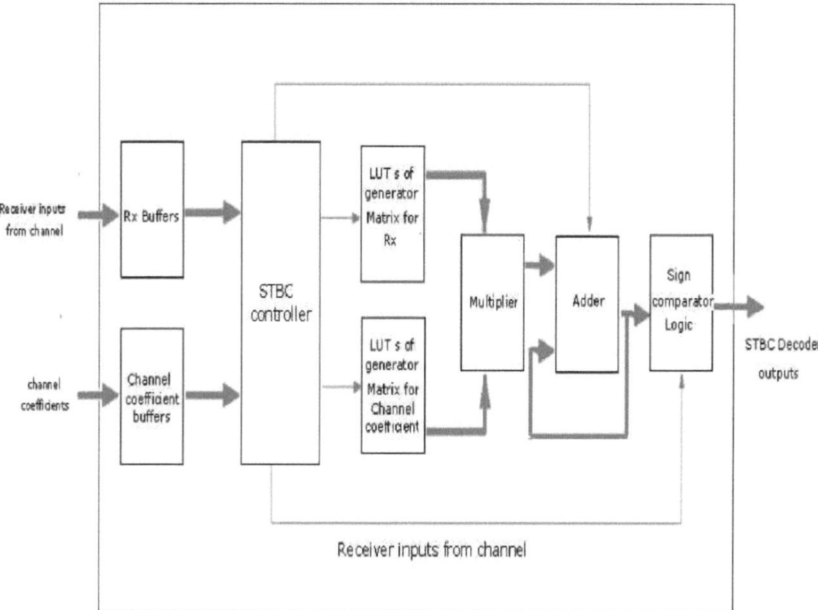

Figura 4.1 Diagrama de blocos do descodificador STBC

4.1.1 Diagrama esquemático:

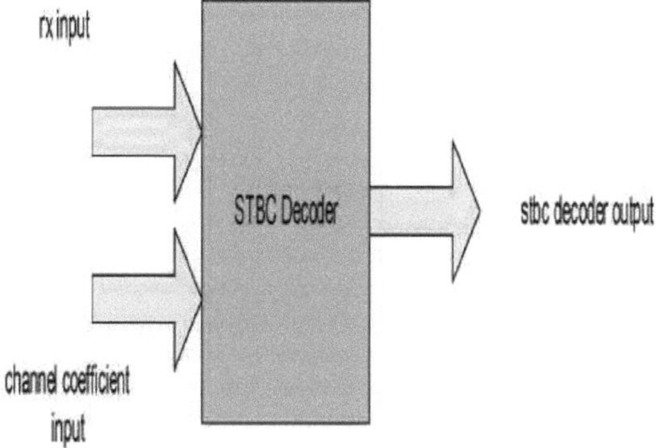

Figura 4.2 Esquema do descodificador STBC

Os principais componentes da figura 4.1 incluem buffers Rx, buffers de coeficientes de canal, controlador STBC, tabelas de consulta (LUT) para a matriz geradora dos coeficientes Rx e de canal, multiplicador, somador e lógica de comparação de sinais.

Buffers RX: Os buffers Rx são bancos de memória que podem armazenar os dados recebidos do canal. Uma vez que o algoritmo de descodificação necessita de informação de todos os símbolos de dados (o número de símbolos depende da seleção da matriz geradora), primeiro os dados são preenchidos nos buffers RX. A informação do coeficiente do canal paralelo é introduzida nos bancos de memória do coeficiente do canal nos buffers do coeficiente do canal. São utilizados bancos de memória separados para os componentes de dados em fase e em quadrifase. Uma vez concluído o armazenamento dos dados de entrada nestes buffers, inicia-se o processo de descodificação.

Controlador STBC: gera os sinais de controlo para permitir o funcionamento dos módulos na arquitetura do descodificador STBC. É implementado um FSM para fornecer a funcionalidade do controlador STBC. Os diagramas de máquina de estados seguintes descrevem a funcionalidade do controlador STBC.

4.1.2 FSM STBC:

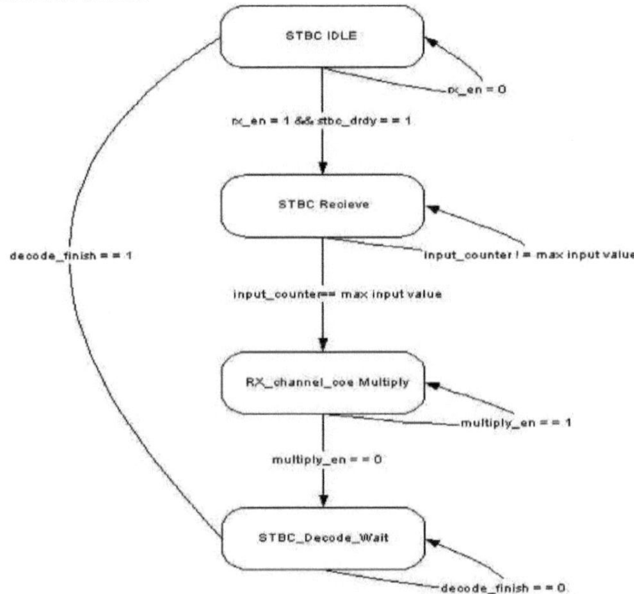

Figura 4.3 FSM STBC

Como se mostra na figura 4.3, o controlador estará no estado IDLE até que os sinais rx_en e stbc data ready (stbc_drdy) sejam activados. Quando estes sinais são activados, a máquina de estado entra no estado STBC_recieve e armazena os dados nos bancos de memória dos componentes em fase e quadrifásicos dos buffers de entrada. O número de símbolos de entrada depende da matriz do gerador. Quando o número correspondente de símbolos de entrada é preenchido nos buffers, a máquina de estado desativa o sinal stbc_drdy e entra no estado rx_channel_coe_multiply. Neste estado, o controlador vai buscar os dados aos buffers de acordo com as equações da métrica de decisão. Os dados obtidos são fornecidos ao multiplicador. Quando completa a determinação de todas as palavras de produto para encontrar os valores das métricas de decisão, o sinal multiply en é desativado e entra no estado STBC_Decode. Quando o sinal decode_finish é ativado, indica a conclusão da descodificação para esse conjunto específico de dados e entra no estado IDLE.

4.1.3 EFM do descodificador:

A descodificação e a acumulação das palavras de produto que são derivadas do multiplicador para encontrar os parâmetros de decisão são descritas na figura 4.4

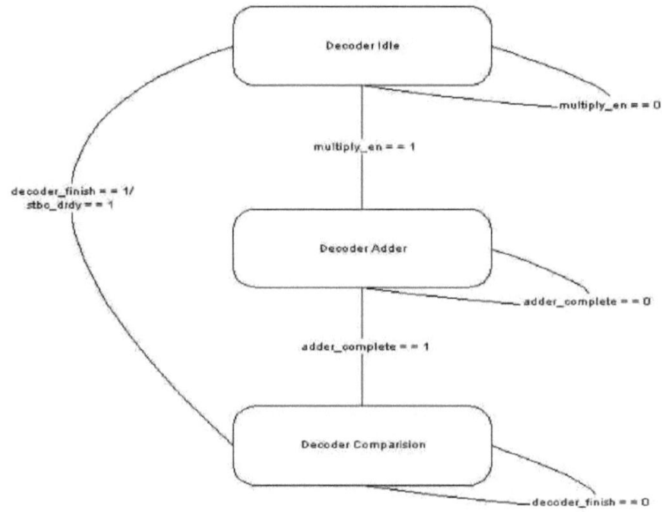

Figura 4.4 Descodificador FSM

Inicialmente o FSM estará no estado de descodificador inativo. Entra no estado de somador do descodificador quando o sinal multiply_en é ativado. No estado de somador decodificador, ele acumula todas as palavras de produto e encontra o valor métrico de decisão. Quando completa a determinação de todos os valores métricos de decisão, o sinal de somador completo é ativado e entra no estado de Decodificador_Comparação. Neste estado, compara o sinal "a" dos valores métricos de decisão de acordo com o algoritmo de descodificação STBC computacionalmente eficiente e obtém os símbolos exactos que são transmitidos através do canal de desvanecimento. A arquitetura completa para todas estas operações é apresentada na figura 4.5

4.2 Arquitetura do descodificador STBC:

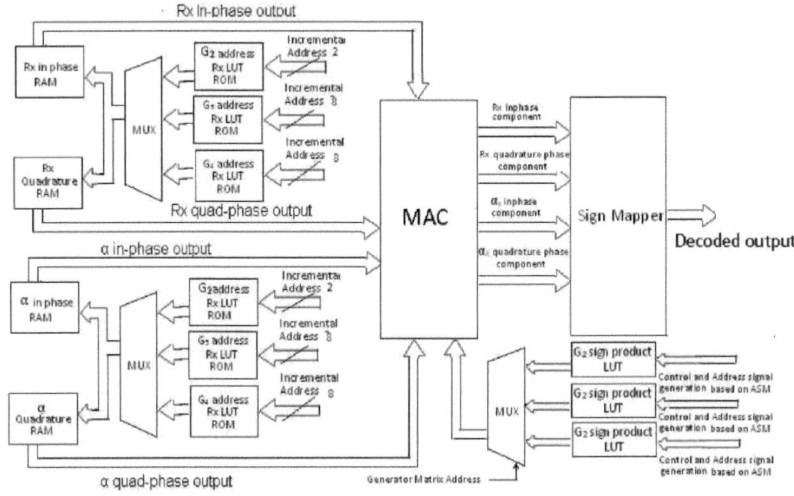

Figura 4.5 Arquitetura do descodificador STBC

CAPÍTULO 5

Software utilizado

5.1 Idiomas de descrição do hardware:

5.1.1 Surgimento das HDLs:

Durante muito tempo, linguagens de programação como FORTRAN, Pascal e C foram utilizadas para descrever programas de computador de natureza sequencial. Do mesmo modo, no domínio da conceção digital, os projectistas sentiram a necessidade de uma linguagem normalizada para descrever os circuitos digitais. Assim, surgiram as linguagens de descrição de hardware (HDL). As HDL permitiram aos projectistas modelar a simultaneidade dos processos existentes nos elementos de hardware. As linguagens de descrição de hardware, como Verilog® HDL e VHDL, tornaram-se populares. A Verilog HDL teve origem em 1983 na Gateway Design Automation. Mais tarde, a VHDL foi desenvolvida sob contrato com a DARPA. A utilização de simuladores Verilog e VHDL para simular grandes circuitos digitais ganhou rapidamente a aceitação dos projectistas.

Embora as HDL fossem populares para a verificação lógica, os projectistas tinham de traduzir manualmente o projeto baseado em HDL para um circuito esquemático com interligações entre portas. O advento da síntese lógica no final dos anos 80 alterou radicalmente a metodologia de projeto. Os circuitos digitais podiam ser descritos a um nível de transferência de registo (RTL) através da utilização de uma HDL. Assim, o projetista teve de especificar o modo como os dados circulam entre os registos e como o projeto processa os dados. Os pormenores das portas e das suas interligações para implementar o circuito eram automaticamente extraídos pelas ferramentas de síntese lógica a partir da descrição RTL.

Assim, a síntese lógica colocou as HDLs na vanguarda do design digital. Os projectistas já não tinham de colocar manualmente as portas para construir circuitos digitais. Podiam descrever circuitos complexos a um nível abstrato em termos de funcionalidade e fluxo de dados, concebendo esses circuitos em HDL. As ferramentas de síntese lógica implementariam a funcionalidade especificada em termos de portas e interconexões de portas.

As HDL começaram também a ser utilizadas para a conceção ao nível do sistema. As HDL foram utilizadas para a simulação de placas de sistema; barramentos de interligação, FPGAs (Field Programmable Gate Arrays) e PALs (Programmable Array Logic). Uma abordagem comum consiste em conceber cada pastilha de CI, utilizando um HDL, e depois verificar a funcionalidade do sistema através de simulação.

Atualmente, a Verilog HDL é uma norma IEEE aceite. Em 1995, foi aprovada a norma original IEEE 1364-1995. A IEEE 1364-2001 é a norma Verilog HDL mais recente, que introduziu melhorias significativas na norma original.

5.1.2 Importância das HDLs:

As HDL têm muitas vantagens em comparação com o projeto tradicional baseado em esquemas.

- Os projectos podem ser descritos a um nível muito abstrato através da utilização de HDL. Os projectistas podem escrever a sua descrição RTL sem escolher uma tecnologia de fabrico específica. As ferramentas de síntese lógica podem converter automaticamente o projeto para qualquer tecnologia de fabrico. Se surgir uma nova tecnologia, os projectistas não precisam de redesenhar o seu circuito. Basta introduzir a descrição RTL na ferramenta de síntese lógica e criar uma nova lista de redes ao nível da porta, utilizando a nova tecnologia de fabrico. A ferramenta de síntese lógica optimizará o circuito em termos de área e tempo para a nova tecnologia.
- Ao descrever os projectos em HDL, a verificação funcional do projeto pode ser feita no início do ciclo de conceção. Uma vez que os projectistas trabalham ao nível da RTL, podem otimizar e modificar a descrição da RTL até esta corresponder à funcionalidade pretendida. A maior parte dos erros de projeto são eliminados nesta fase. Isso reduz significativamente o tempo do ciclo de projeto, pois a probabilidade de encontrar um erro funcional posteriormente na lista de redes no nível da porta ou no layout físico é minimizada.

> O projeto com HDLs é análogo à programação de computadores. Uma descrição textual com comentários é uma forma mais fácil de desenvolver e depurar circuitos. Isto também proporciona uma representação concisa do projeto, em comparação com os esquemas ao nível da porta. Os esquemas ao nível da porta são quase incompreensíveis para projectos muito complexos.

A conceção baseada em HDL veio para ficar Com o rápido aumento da complexidade dos circuitos digitais e as ferramentas de EDA cada vez mais sofisticadas, as HDL são atualmente o método dominante para grandes concepções digitais. Nenhum projetista de circuitos digitais se pode dar ao luxo de ignorar a conceção baseada em HDL.

Popularidade da Verilog HDL: A Verilog HDL evoluiu como uma linguagem normalizada de descrição de hardware. A HDL Verilog oferece muitas funcionalidades úteis para a conceção de hardware.

> A Verilog HDL é uma linguagem de descrição de hardware de uso geral, fácil de aprender e de utilizar. A sua sintaxe é semelhante à da linguagem de programação C. Os projectistas com experiência em programação C terão facilidade em aprender Verilog HDL.

> O Verilog HDL permite misturar diferentes níveis de abstração no mesmo modelo. Assim, um projetista pode definir um modelo de hardware em termos de interruptores, portas, RTL ou código comportamental. Além disso, um projetista precisa de aprender apenas uma linguagem para estímulos e conceção hierárquica.

> As ferramentas de síntese lógica mais populares suportam Verilog HDL. Isto torna-a a linguagem de eleição dos projectistas.

> Todos os fornecedores de fabrico fornecem bibliotecas Verilog HDL para simulação pós-síntese lógica. Assim, a conceção de um chip em Verilog HDL permite a mais ampla escolha de fornecedores.

> A Interface de Linguagem de Programação (PLI) é uma funcionalidade poderosa que permite ao pseudo-escritor escrever código C personalizado para interagir com as estruturas de dados internas do Verilog. Os projectistas podem personalizar um simulador Verilog HDL de acordo com as suas necessidades com a PLI.

5.1.3 Fluxo de conceção:

O processo de conceção, a vários níveis, tem normalmente um carácter evolutivo. Começa com um determinado conjunto de requisitos. O projeto inicial é desenvolvido e testado em função dos requisitos. Quando os requisitos não são cumpridos, o projeto tem de ser melhorado. Se essa melhoria não for possível ou for demasiado dispendiosa, deve ser considerada a revisão dos requisitos e a análise do seu impacto. O gráfico em Y (introduzido pela primeira vez por D. Gajski) apresentado na figura 5.1 ilustra um fluxo de conceção para a maioria dos circuitos integrados lógicos, utilizando actividades de conceção em três eixos diferentes (domínios), que se assemelham à letra Y. O gráfico em Y consiste em três domínios principais, nomeadamente

> Domínio comportamental.

> Domínio estrutural.

> Domínio da disposição geométrica.

Gráfico Y:

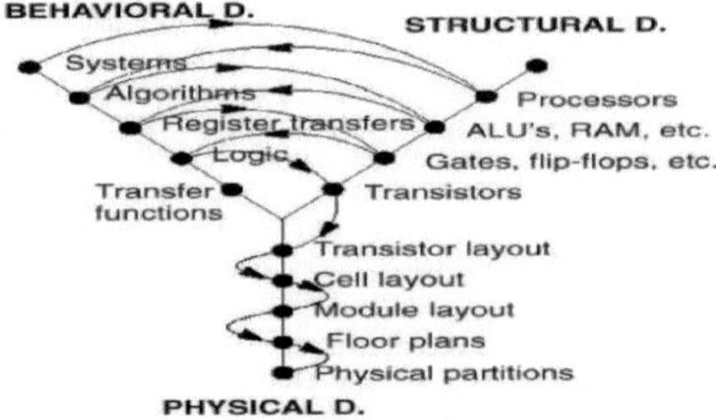

Figura 5.1 Gráfico Y

O fluxo de conceção apresentado na figura 5.2 começa com o algoritmo que descreve o comportamento do chip alvo. Em primeiro lugar, é definida a arquitetura correspondente do processador. Esta é mapeada na superfície do chip através do planeamento do piso. A evolução seguinte do design no domínio comportamental define máquinas de estados finitos (FSM), que são implementadas estruturalmente com módulos funcionais, como registos e unidades lógicas aritméticas (ALU). Estes módulos são então colocados geometricamente na superfície da pastilha utilizando ferramentas CAD para colocação automática de módulos, seguida de encaminhamento, com o objetivo de minimizar a área interligada e os atrasos de sinal.

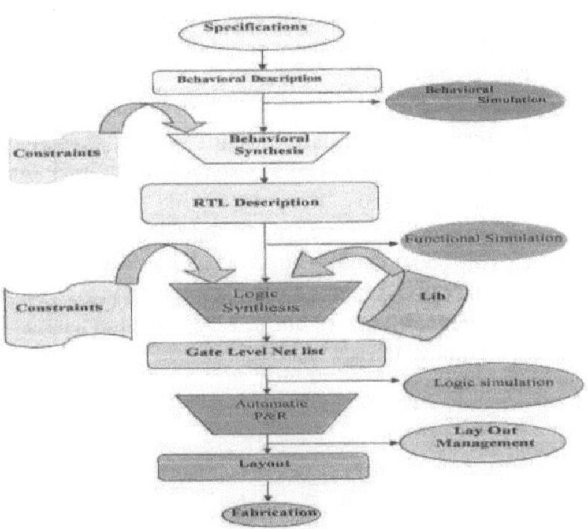

Figura 5.2 Fluxo de conceção

A terceira evolução começa com a descrição de um módulo comportamental. Os módulos individuais são depois implementados com leaf cells. Nesta fase, a pastilha é descrita em termos de portas lógicas (células-folha), que podem ser colocadas e interligadas utilizando um programa de colocação e encaminhamento de células. A última evolução envolve uma descrição booleana pormenorizada das células-folha, seguida de uma implementação ao nível dos transístores das células-folha e da geração de máscaras. No desenho baseado em células padrão, as células-folha já

estão predestinadas e armazenadas numa biblioteca para utilização no desenho lógico.
ModelSim:

A simulação HDL é apenas uma parte da verificação. Devemos determinar o impacto de todo o ambiente quando consideramos o desempenho da simulação. A figura 5.3 ilustra os vários fluxos que podem afetar a nossa simulação:

Ambiente de simulação

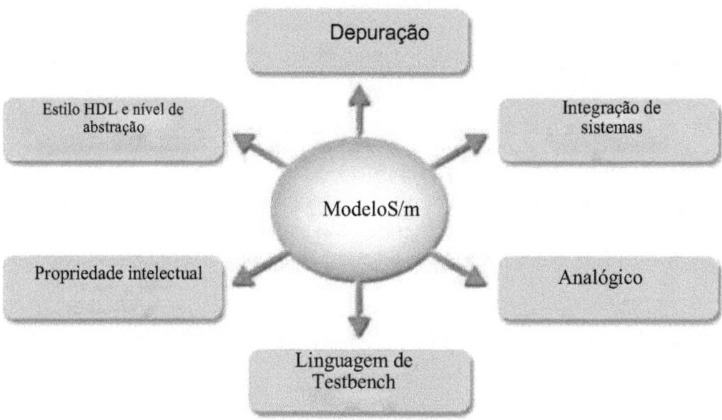

Figura 5.3 Ambiente de Simulação ModelSim

Qualquer parte do nosso ambiente pode afetar negativamente o desempenho da simulação. O código HDL pode ser ineficiente; as linguagens de banco de teste e as ferramentas de depuração de terceiros podem tornar a simulação mais lenta; o IP de terceiros pode não estar optimizado. Considere que a implementação da bancada de teste de terceiros pode ser responsável por mais de 80% do desempenho geral da simulação. Se este for o caso, você deve considerar investigar a razão pela qual 80 por cento do tempo está sendo gasto no banco de testes e sua interface. O *ModelSim* tem um criador de perfil (discutido abaixo) que pode ajudá-lo a identificar qual parte do seu ambiente está afetando mais o desempenho da simulação.

Passando ao simulador propriamente dito, é fundamental perceber que os simuladores são executados em dois modos: interativo e em lote. O modo interativo está geralmente associado à depuração, onde é necessária a máxima visibilidade do projeto. Os trabalhos em modo de lote são executados em segundo plano sem a interface do utilizador (IU). O desempenho é geralmente a maior prioridade quando executado no modo em lote. Simuladores em modo de desempenho otimizado removem a visibilidade de um projeto. Antes da versão 6.0, o *ModelSim* exigia o uso de opções específicas de compilação Verilog para permitir o desempenho. *O* ModelSim agora tem um fluxo opcional que facilita o modo de desempenho.

O ficheiro ModelSim. ini é lido sempre que o compilador ou simulador é invocado e tem uma definição para ativar/desativar o modo de desempenho predefinido. Esta opção é VoptFlow = 1. Quando esta opção é definida como zero, ativa-se o fluxo do *ModelSim* anterior à versão 6.0; quando é definida como um, ativa-se um novo fluxo de desempenho fora da caixa. Com a versão 6.0, o padrão é zero. Atualmente, este fluxo de desempenho opcional é muito útil para projectos Verilog puros em que não está interessado na depuração, ou para projectos mistos Verilog e VHDL. Todo o Verilog em um projeto será otimizado, independentemente de onde ele esteja localizado na hierarquia. Mais uma vez, isso pode melhorar o desempenho em até 10 xs em relação ao modo não otimizado. Outra consideração com o novo fluxo é a parte da simulação que está a ser medida. O *ModelSim* tem etapas separadas de compilação, otimização (*vopt*) e simulação (*vsim)*. Além disso, *o vsim* pode invocar automaticamente o vopt se ele ainda não tiver sido executado separadamente.

A simulação é um processo de duas fases. Durante a fase 1 (conhecida como elaboração), o *ModelSim* gera código nativo para nosso sistema operacional específico. Durante a fase 2, o

ModelSim executa o código nativo. Obteremos as estatísticas de desempenho mais precisas medindo a fase de elaboração e a fase de execução separadamente. Conforme discutido abaixo, é possível usar a opção - *elab* ou o comando *ps* para medir essas duas fases de forma independente.

5.1.4 Biblioteca ModelSim:

Uma biblioteca é um local onde os dados a serem usados para simulação são armazenados. As bibliotecas são a maneira do ModelSim de gerenciar a criação de dados antes que eles sejam necessários para uso na simulação. Elas também servem como uma forma de simplificar a invocação da simulação. Em vez de compilar todos os dados do projeto cada vez que você simula, o ModelSim usa dados binários pré-compilados a partir dessas bibliotecas. Portanto, se você fizer alterações em um único módulo Verilog, apenas esse módulo será recompilado, em vez de todos os módulos do projeto.

5.1.5 Modos de funcionamento do ModelSim:

Muitos usuários executam o ModelSim de forma interativa, apertando botões e/ou puxando menus em uma série de janelas na GUI (interface gráfica do usuário). Mas existem realmente três modos de operação do ModelSim, cujas caraterísticas estão descritas na tabela 5.1.

Modo de utilização do ModelSim	Caraterísticas	Como o ModelSim é invocado
GUI	interativo; tem janelas gráficas, botões de pressão, menus e uma linha de comando na transcrição. Modo predefinido.	através de um ícone no ambiente de trabalho ou a partir da prompt da shell de comandos do SO. Exemplo: `OS> vsim`
Linha Coininand	linha de comando interactiva; sem GUI.	com o argumento -c na linha de comandos do SO. Exemplo: `OS> vsim -c`
Lote	script em lote não-interativo; sem janelas ou comandos interactivos.	na linha de comandos do SO, utilizando a técnica "here document" ou redireccionando a entrada normal. Exemplo: `C:\ vsim vfiles.v <infile >outfile`

Quadro 5.1 Modos de funcionamento do ModelSim

5.3Xilinx ISE:

O Ambiente de Software Integrado (ISE) é o conjunto de software de projeto da Xilinx que lhe permite levar o seu projeto desde a entrada do projeto até à programação do dispositivo Xilinx. O ISE Project Navigator gerencia e processa seu projeto através das seguintes etapas no fluxo de projeto do ISE.

5.3.1 Entrada de design:

A entrada do projeto é a primeira etapa do fluxo de projeto do ISE. Durante a entrada do projeto, você cria seus arquivos de origem com base nos objetivos do projeto. É possível criar o arquivo de projeto de nível superior usando uma linguagem de descrição de hardware (HDL), como

VHDL, Verilog ou ABEL, ou usando um esquema. Pode utilizar vários formatos para os ficheiros de origem de nível inferior no seu projeto.

Nota: Se estiver a trabalhar com um ficheiro EDIF ou NGC/NGO sintetizado, pode saltar a entrada e a síntese do desenho e começar com o processo de implementação.

5.1.6 Síntese:

Após a entrada do projeto e a simulação opcional, a síntese é executada. Durante esta etapa, os projetos em VHDL, Verilog ou em linguagens mistas tornam-se arquivos de lista de redes que são aceitos como entrada para a etapa de implementação.

5.1.7 Implementação:

Após a síntese, é executada a implementação do projeto, que converte o projeto lógico num formato de ficheiro físico que pode ser transferido para o dispositivo alvo selecionado. A partir do Project Navigator, pode executar o processo de implementação num único passo, ou pode executar cada um dos processos de implementação separadamente. Os processos de implementação variam consoante se trate de um FPGA (Field Programmable Gate Array) ou de um CPLD (Complex Programmable Logic Device).

5.1.8 Verificação:

Pode verificar a funcionalidade do seu projeto em vários pontos do fluxo do projeto. Pode utilizar o software do simulador para verificar a funcionalidade e a temporização do seu projeto ou de uma parte do mesmo. O simulador interpreta o código VHDL ou Verilog para a funcionalidade do circuito e apresenta os resultados lógicos do HDL descrito para determinar o funcionamento correto do circuito. A simulação permite-lhe criar e verificar funções complexas num período de tempo relativamente curto. Também é possível executar a verificação no circuito após a programação do dispositivo.

5.1.9 Instalação do dispositivo:

Depois de gerar um ficheiro de programação, configura-se o dispositivo. Durante a configuração, gera ficheiros de configuração e transfere os ficheiros de programação de um computador anfitrião para um dispositivo Xilinx.

5.4 Âmbito do chip:

O analisador Xilinx ChipScope é um conjunto de ferramentas criado pela Xilinx que permite sondar facilmente os sinais internos do seu projeto dentro de uma FPGA, tal como faria com um analisador lógico. Por exemplo, enquanto o seu projeto está a ser executado na FPGA, pode ativar quando determinados eventos ocorrem e visualizar qualquer um dos sinais internos do seu projeto. Como a lógica do analisador ChipScope é implementada no FPGA, ele tem algumas limitações importantes. A memória de amostra do analisador é limitada pelos recursos de memória do FPGA. Num projeto que utilize grande parte da memória da FPGA, pode não sobrar muita memória para os núcleos do ChipScope. Além disso, o ChipScope não pode efetuar amostras tão rapidamente como um analisador lógico externo. Para utilizar o analisador lógico interno ChipScope num projeto de design existente, começa por gerar os módulos de núcleo ChipScope, que executam a funcionalidade de disparo e captura de formas de onda na FPGA. Em seguida, instancia esses núcleos no seu código Verilog e liga esses módulos aos sinais que pretende monitorizar. O projeto completo é então recompilado. Em vez de carregar o ficheiro .bit resultante na FPGA utilizando o Impact, a aplicação ChipScope Analyzer é utilizada para configurar a FPGA. O ChipScope Analyzer também fornece a interface para definir os critérios de disparo para os núcleos ChipScope e para exibir as formas de onda registadas por esses núcleos.

Verificação do projeto com o Chip Scope:

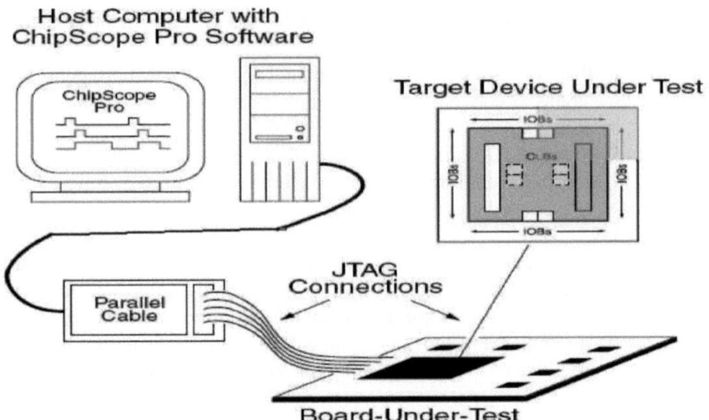

Figura 5.4 Verificação do projeto

CAPÍTULO 6

Vantagens e aplicações

6.1 Vantagens:

> **Descodificação simples:**
Cada símbolo é descodificado separadamente utilizando apenas processamento linear.

> **Diversidade máxima:**
Proporcionam a máxima diversidade possível demonstrada pela teoria.

> Redução da complexidade computacional.

> Baixos requisitos de energia.

> Estes códigos são completamente ortogonais em termos de estrutura.

6.2 Aplicações:

^ **Rede de comunicação**:
S Rede de radiodifusão,
S Rede celular,
S Comunicações por satélite, etc.

> **Aplicação de banda estreita**:
S Largura de banda limitada e débito de dados inferior
S Pagers,
S Mensagens de texto (blackberry).

^ **Utilizar totalmente as estações de base nas comunicações**: WCDMA e GSM.
S LAN sem fios e MAN.
S Forte candidato a 4G juntamente com OFDM.

CAPÍTULO 7

Resultados

7.1 Resultados simulados:

A verificação funcional do descodificador STBC pode ser efectuada com o Model sim XE
III
7.2 d, aplicando os sinais recebidos r_X e a atenuação do canal a como entradas.

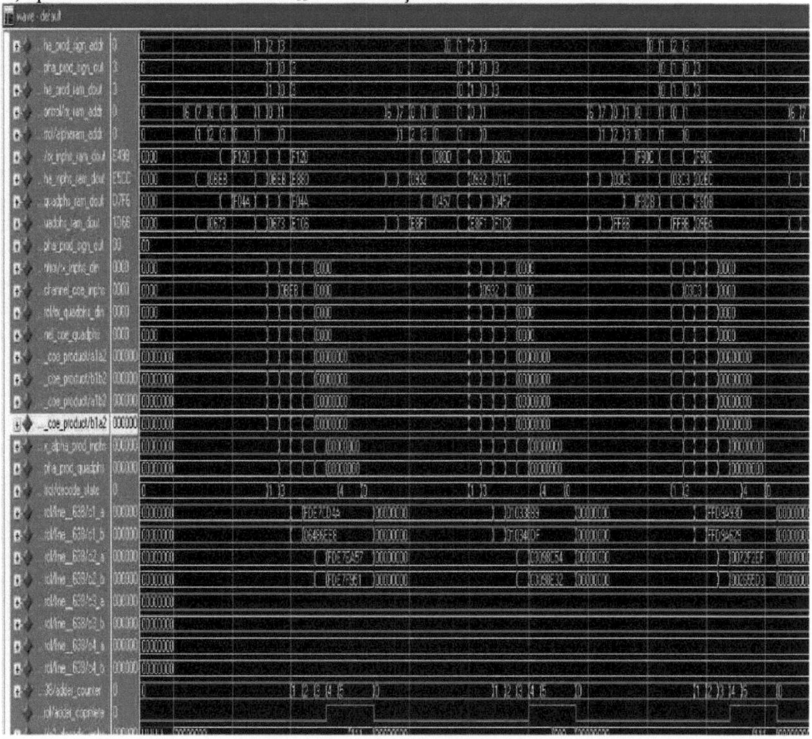

Figura 7.1 Resultados simulados

7.2 Relatório de síntese:

7.2.1 Síntese HDL avançada:

Analyzing FSM <FSM_2> for best encoding.

Optimizing FSM <stbc_ip_state> on signal <stbc_ip_state [1:2]> with sequential encoding.

State | Encoding

----

00 | 00

01 | 01

10 | 10

Analyzing FSM <FSM_1> for best encoding.

Optimizing FSM <U_stbc_control/decode_state> on signal <decode_state[1:3]> with gray encoding.

State | Encoding

0000 | 000

0001 | 001

0010 | 011

0011 | 010

0100 | 110

Analisar o FSM <FSM_0> para obter a melhor codificação.
Optimizing FSM <U_stbc_control/stbc_state> on signal <stbc_state[1:5]> with speed1 encoding.

State	Encoding
0000	10000
0001	01000
0010	00100
0011	00010
0100	00001

7.2.2 Relatório de síntese HDL avançada:

Macro Statistics

# FSMs	: 3
# ROMs	: 2
4x6-bit ROM	: 1
8x1-bit ROM	: 1
# Adders/Subtractions	: 15
16-bit adder	: 4
3-bit subtractor	: 1
32-bit adder	: 5
32-bit subtractor	: 1
4-bit adder	: 1

5-bit adder : 1

6-bit adder : 1

7-bit adder : 1

Counters : 3

5-bit up counter : 3

Registers : 322

Flip-Flops : 322

Latches : 2

3-bit latch : 2

Comparators : 12

6-bit comparator less : 3

7-bit comparator less equal : 9

Multiplexers : 3

1-bit 4-to-1 multiplexer : 1

16-bit 4-to-1 multiplexer : 1

2-bit 4-to-1 multiplexer : 1

8.2.3 Relatório final:

Final Results

RTL Top Level Output File Name : tb_stbc_control.ngr

Top Level Output File Name : tb_stbc_control

Output Format : NGC

Optimization Goal : Speed

Keep Hierarchy : NO

Estatísticas de conceção

IOs : 3

Cell Usage:

# BELS		: 825
#	GND	: 1
#	INV	: 65
#	LUT1	: 4
#	LUT2	: 68
#	LUT2_L	: 53
#	LUT3	: 60
#	LUT3_D	: 11
#	LUT3_L	: 7
#	LUT4	: 59
#	LUT4_D	: 11
#	LUT4_L	: 150
#	MUXCY	: 153
#	MUXF5	: 28
#	VCC	: 1
#	XORCY	: 154
#	Flip-flops/Latches	: 249
#	FDC	: 141
#	FDCE	: 85
#	FDE	: 17
#	FDP	: 2
#	LD	: 4

Clock Buffers : 1

BUFGP : 1

IO Buffers : 2

IBUF : 1

OBUF : 1

Others : 22

alpha_inphs : 1

alpha_quadph : 1

alpha_ram : 2

g2_alpha_lut : 1

g2_r_alpha_prod_sign : 1

g2_r_lut : 1

g3_alpha_lut : 1

g3_r_alpha_prod_sign : 1

g3_r_lut : 1

g4_alpha_lut : 1

g4_r_alpha_prod_sign : 1

g4_r_lut : 1

icon : 1

ila1 : 1

multiplier_v10_0 : 4

rx_quadphs : 1

rx_signal_ram : 2

7.2.4 Resumo da utilização do dispositivo:

Selected Device	: 3s500efg320-5
Number of Slices	: 258 out of 4656 5%
Number of Slice Flip Flops	: 249 out of 9312 2%
Number of 4 input LUTs	: 423 out of 9312 4%
Number of bonded IOBs	: 3 out of 232 1%
Number of GCLKs	: 1 out of 24 4%

7.2.5 Relatório de temporização:
NOTA: ESTES NÚMEROS DE TEMPO SÃO APENAS UMA ESTIMATIVA DE SÍNTESE. PARA OBTER INFORMAÇÕES PRECISAS SOBRE OS TEMPOS, CONSULTE O RELATÓRIO DE RASTREIO GERADO APÓS O PLACE-and-ROUTE.
Informações sobre o relógio:

Clock Signal	Clock buffer(FF name)	Load
stbc_clk_tb	BUFGP	245
U_stbc_control/multiply_en_0	NONE	2
U_stbc_control/alpha_lut_en_0	NONE	2

INFO: Xst: 2169 - HDL ADVISOR - Alguns sinais de relógio não foram automaticamente colocados em buffer pelo XST com recursos BUFG/BUFR. Por favor, use a restrição de tipo de buffer para inserir esses buffers nos sinais de relógio para ajudar a evitar problemas de distorção.

7.2.6 Resumo da calendarização:

Speed Grade : -5

Minimum period : 8.229ns (Maximum Frequency: 121.518MHz)

Minimum input arrival time before clock : 5.422ns

Maximum output required time after clock : 4.656ns

Maximum combinational path delay : 3.880ns

Timing Detail:

All values displayed in nanoseconds (ns)

Timing constraint : Default period analysis for Clock 'stbc_clk_tb'

Clock period: 8.229ns (frequency : 121.518MHz)

Total number of paths / destination ports : 7823 / 297

Delay : 8.229ns (Levels of Logic = 5)

Source : U_stbc_control/adder_counter_2 (FF)

Destination : U_stbc_control/c2_a_8 (FF)

Source Clock : stbc_clk_tb rising

Destination Clock : stbc_clk_tb rising\

Data Path : U_stbc_control/adder_counter_2 to U_stbc_control/c2_a_8

Gate Net

Cell : in->out fanout Delay Logical Name (Net Name

FDC : C->Q9 0.514 1.024 U_stbc_control/adder_counter_2

(U_stbc_control/adder_counter_2)

LUT4_D : I1->O5 0.612 0.813

U_stbc_control/stbc_control__n0080<3>cy11

LUT3_D : I2-> O3 0.612 0.801 U_stbc_control/Ker331 (U_stbc_control/N531)

LUT4_D : I2->O3 0.612 0.840 U_stbc_control/_n01241 (U_stbc_control/_n0124)

LUT4_D : I1->O7 0.612 0.909 U_stbc_control/Ker0_2 (U_stbc_control/Ker01)

LUT4_L : I3->O1 0.612 0.000 U_stbc_control/_n0065<19>1

(U_stbc_control/_n0065<19>)

FDC : D 0.268 U_stbc_control/c2_a_19

Total : 8.229ns (3.842ns logic, 4.387ns route) (46.7% logic, 53.3% route)

7.3 Resultados da implementação do STBC:

O descodificador STBC é implementado na família Xilinx Spartan 3E. Após a implementação, o projeto atual no dispositivo alvo é apresentado na figura 7.2

7.3.4 Visão tecnológica:

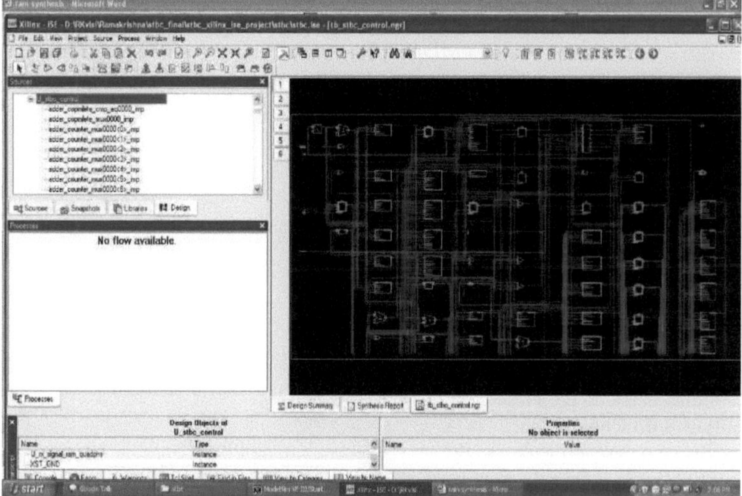

Figura 7.2 Visão tecnológica

7.3.2 Visão de pacote da implementação:

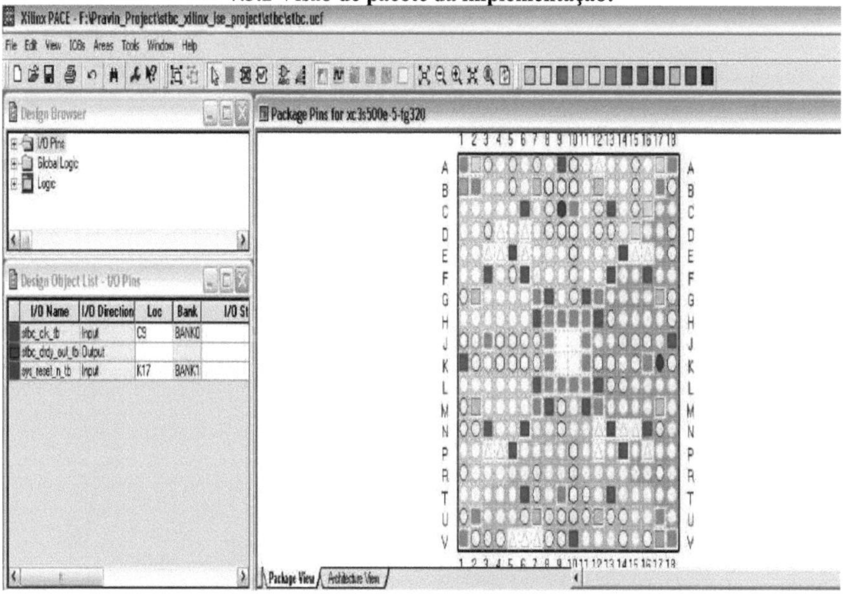

Figura 7.3 Vista de pacote da implementação

7.3.3 Planta do projeto:

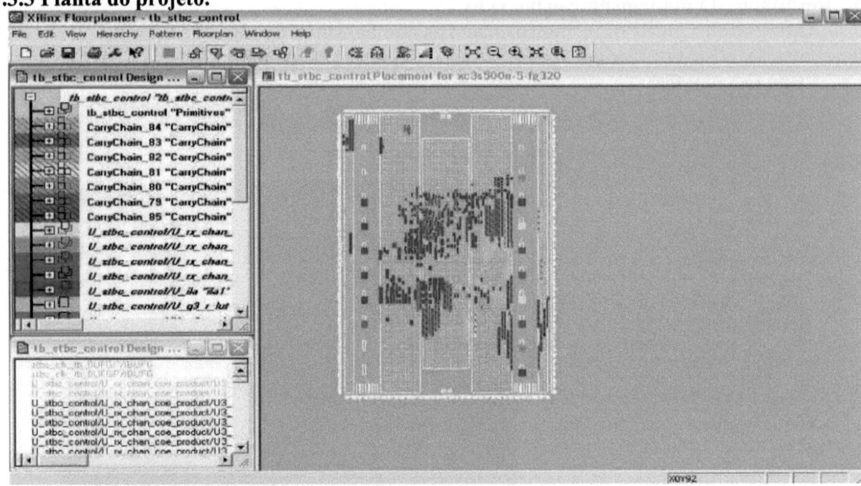

Figura 7.4 Planta baixa do projeto

7.4 Resultados do Chip Scope:

Depois de o descodificador STBC ser implementado na FPGA Sparton 3E, a funcionalidade do projeto é verificada utilizando o analisador ChipScope 9.2i.

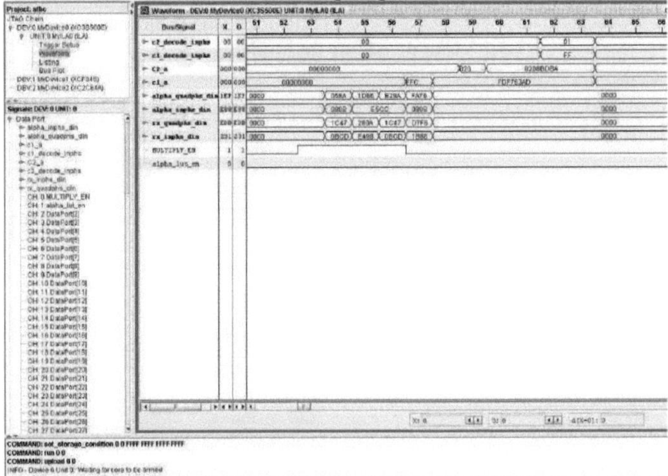

Figura 7.5 Resultados do Chip Scope

Conclusões e âmbito futuro

Conclusões:

> É desenvolvido um algoritmo computacionalmente eficiente para uma conceção ASIC versátil e de baixo consumo de energia para a descodificação de blocos espaço-temporais.

> A utilização deste algoritmo no descodificador de blocos espaço-temporais conduz a uma redução significativa da computação sem qualquer sacrifício do desempenho.

> Simulação (ModelSim XE III 6.0d), síntese (Xilinx ISE8.1i), implementação (Spartan 3e) e verificação do projeto (ChipScope pro 9.2i)
após a conclusão bem sucedida da implementação.

Âmbito futuro:

> Conceção de códigos para deteção não coerente.

> Melhorar a taxa dos códigos de bloco.

> Combinação com OFDM, formação de feixe.

> O desempenho das comunicações sem fios pode ser melhorado através da combinação de técnicas de codificação de canal com códigos de bloco espácio-temporais.

Bibliografia:

S. M. Alamouti, "A simple transmitter diversity scheme for wireless **IEEEJ.** Select Areas Commun. vol. 16, pp. 1451-1458, Out.1998.
V. Tarokh, N. Seshadri, e **A.** R. Calderbank, "Space-time block coding for wireless Communications: Performance results", IEEE J. Select. AreasCommun. vol. 17, p. 451-460, Mar. 1998
V. Tarokh, H. Jafarkhani e **A.** R. Calderbank, "The application of orthogonal design to wireless communication", em Proc. IEEE Information Theory Workshop, Killamey, Irlanda, pp. 46-47, junho de 1998.
V. Tarokh, N. Seshadri, e A. R. Calderbank, "Space-time codes for high data rate wireless communication: Critérios de desempenho e construção de códigos", IEEE Trans Inform. Theory, vol. **44,** pp. 744-765, Mar. 1998.
A. Wittneben, "Base station modulation diversity for digital Proc. IEEE VTC, pp.505-51 I, maio de 1993.
G. J Foschini, Jr., "Layered space-time architecture for wireless communication in a fading environment when using multi-element antennas, "Bell Labs Tech. J., Pp.41- 59, outono de 1996.
Um algoritmo computacionalmente eficiente para a descodificação de blocos espaço-temporais Cavus,E. Daneshrad,B. Departamento de Electr. Eng., Univ. da Califórnia, Los Angeles, CA
VLSI para comunicação sem fios, Bosco Lueng, Pearson Education e série VLSI
Principles of CMOS VLSI design a system perspective second edition - Neil H.E.Wiste Kamran Eshraghain.
Conceção modular VHDL e síntese de núcleos e sistemas, edição TMH de Zainalabedin Navabi.
Circuitos Integrados Específicos de Aplicação - Michael John Sebastian smith, Addision Wesley
Princípios e práticas de conceção digital Terceira edição John F. Wakerly.
http://en.wikipedia.org/wiki/Space%E2%80%93time_block_code.
http://en.wikipedia.org/wiki/Maximum_likelihood.
http://en.wikipedia.org/wiki/Fading

Apêndice A

Código VHDL

Módulo de nível superior :: controlo stbc

```
library ieee;
use ieee.std_logic_1164.all;
use ieee.std_logic_arith.all;
--use ieee.std_logic_unsigned.all;
use ieee.std_logic_signed.all;
--Entity Declaration of top level design file
entity stbc_control is
        port(
                reset_n   :in  std_logic;
                clk  :in  std_logic;
                rx_en   :in  std_logic;
                gen_matrix   :in  std_logic_vector(2 downto 0);
                mbi   :in  std_logic_vector(2 downto 0);
                rx_inphs      :in  std_logic_vector(15 downto 0);
                rx_quadphs     :in  std_logic_vector(15 downto 0);
                alpha_inphs     :in  std_logic_vector(15 downto 0);
                alpha_quadphs    :in  std_logic_vector(15 downto 0);
                stbc_drdy_out     :out std_logic
                );
end stbc_control;
--Module that performs Product terms for Rx and Alpha values
architecture arc_stbc_control of stbc_control is
component rx_chan_coe_product is
       port(
                reset_n        :in  std_logic;
                clk        :in  std_logic;
                rx_inphs_din       :in  std_logic_vector(15 downto 0);
                rx_quadphs_din       :in  std_logic_vector(15 downto
                channel_coe_inphs    :in  std_logic_vector(15 downto 0);
                channel_coe_quadphs     :in  std_logic_vector(15 downto 0);
```

```
		rx_alpha_prod_inphs      :out std_logic_vector(31 downto 0);
		rx_alpha_prod_quadphs   :out std_logic_vector(31 downto 0)
	);
end component;
```

--Rx input memory block

```
component rx_signal_ram IS
	port (
		addr: IN std_logic_VECTOR(2 downto 0);
		clk: IN std_logic;
		din: IN std_logic_VECTOR(15 downto 0);
		dout: OUT std_logic_VECTOR(15 downto 0);
		en: IN std_logic;
		we: IN std_logic);
end component;
```

--Alpha input memory block

```
component alpha_ram IS
	port (
		addr: IN std_logic_VECTOR(1 downto 0);
		clk: IN std_logic;
		din: IN std_logic_VECTOR(15 downto 0);
		dout: OUT std_logic_VECTOR(15 downto 0);
		en: IN std_logic;
		we: IN std_logic);
end component;
```

--Alpha LUT for generation matrix G2

```
component g2_alpha_lut IS
	port (
		addr: IN std_logic_VECTOR(1 downto 0);
		clk: IN std_logic;
		dout: OUT std_logic_VECTOR(0 downto 0);
		en: IN std_logic);
end component;
```

--Conjugate Sign LUT for generation matrix G2

```
component g2_r_alpha_prod_sign IS
        port (
                addr: IN std_logic_VECTOR(1 downto 0);
                clk: IN std_logic;
                dout: OUT std_logic_VECTOR(1 downto 0);
                en: IN std_logic);
end component;
```

--Rx LUT for generation matrix G2

```
component g2_r_lut IS
        port (
                addr: IN std_logic_VECTOR(1 downto 0);
                clk: IN std_logic;
                dout: OUT std_logic_VECTOR(0 downto 0);
                en: IN std_logic);
 end component;
```

--Alpha LUT for generation matrix G3

```
component g3_alpha_lut IS
        port (
                addr: IN std_logic_VECTOR(4 downto 0);
                clk: IN std_logic;
                dout: OUT std_logic_VECTOR(1 downto 0);
                en: IN std_logic);
end component;
```

--Conjugate Sign LUT for generation matrix G3

```
component g3_r_alpha_prod_sign IS
        port (
                addr: IN std_logic_VECTOR(4 downto 0);
                clk: IN std_logic;
                dout: OUT std_logic_VECTOR(1 downto 0);
                en: IN std_logic);
end component;
```

--Rx LUT for generation matrix G3

```
component g3_r_lut IS
        port (
                addr: IN std_logic_VECTOR(4 downto 0);
                clk: IN std_logic;
                dout: OUT std_logic_VECTOR(2 downto 0);
                en: IN std_logic);
end component;
```

--Alpha LUT for generation matrix G4

```
component g4_alpha_lut IS
        port (
                addr: IN std_logic_VECTOR(4 downto 0);
                clk: IN std_logic;
                dout: OUT std_logic_VECTOR(1 downto 0);
                en: IN std_logic);
end component;
```

--Conjugate Sign LUT for generation matrix G4

```
component g4_r_alpha_prod_sign IS
        port (
                addr: IN std_logic_VECTOR(4 downto 0);
                clk: IN std_logic;
                dout: OUT std_logic_VECTOR(1 downto 0);
                en: IN std_logic);
end component;
```

--Rx LUT for generation matrix G4

```
component g4_r_lut IS
        port (
                addr: IN std_logic_VECTOR(4 downto 0);
                clk: IN std_logic;
                dout: OUT std_logic_VECTOR(2 downto 0);
                en: IN std_logic);
end component;
```

begin

--Instantiation of Module that performs Product terms for Rx and Alpha values

```
U_rx_chan_coe_product :
rx_chan_coe_product port map(
                    reset_n              => reset_n,
                    clk                  => clk,
                    rx_inphs_din         => rx_inphs_din,
                    rx_quadphs_din       => rx_quadphs_din,
                    channel_coe_inphs    => channel_coe_inphs,
                    channel_coe_quadphs  => channel_coe_quadphs,
                    rx_alpha_prod_inphs  => rx_alpha_prod_inphs,
                    rx_alpha_prod_quadphs => rx_alpha_prod_quadphs
                    );
```

--Instantiation of Rx input memory block for RX InPhase values

```
U_rx_signal_ram_inphs: rx_signal_ram port map(
                    addr => rx_ram_addr,
                    clk  => clk,
                    din  => rx_inphs,
                    dout => rx_inphs_ram_dout,
                    en   => rx_ram_en,
                    we   => rx_wr_en
                    );
```

--Instantiation of Rx input memory block for RX QuadPhase values

```
U_rx_signal_ram_quadphs: rx_signal_ram port map(
                    addr => rx_ram_addr,
                    clk  => clk,
                    din  => rx_quadphs,
                    dout => rx_quadphs_ram_dout,
                    en   => rx_ram_en,
                    we   => rx_wr_en
                    );
```

--Instantiation of Alpha input memory block for Alpha InPhase Values

```
U_alpha_ram_inphs: alpha_ram port map(
                    addr => alpharam_addr,
                    clk  => clk,
                    din  => alpha_inphs,
                    dout => alpha_inphs_ram_dout,
                    en   => alpha_ram_en,
                    we   => alpha_wr_en
                    );
--Instantiation of Alpha input memory block for Alpha QuadPhase Values
U_alpha_ram_quadphs: alpha_ram port map(
                    addr => alpharam_addr,
                    clk  => clk,
                    din  => alpha_quadphs,
                    dout => alpha_quadphs_ram_dout,
                    en   => alpha_ram_en,
                    we   => alpha_wr_en
                    );
--Instantiation of Alpha LUT for generation matrix G2
U_g2_alpha_lut : g2_alpha_lut port map(
                    addr => g2_lut_addr,
                    clk  => clk,
                    dout => g2_alpha_out,
                    en   => alpha_lut_en_vector(0)
                    );
--Instantiation of Rx LUT for generation matrix G2
U_g2_r_lut : g2_r_lut port map(
                    addr => g2_lut_addr,
                    clk  => clk,
                    dout => g2_r_out,
                    en   => alpha_lut_en_vector(0)
                    );
--Instantiation of Conjugate Sign LUT for generation matrix G2

                    U_g2_r_alpha_prod_sign : g2_r_alpha_prod_sign port map(
```

```
addr => rx_alpha_prod_sign_addr(1 downto 0),
clk  => clk,
dout => g2_r_alpha_prod_sign_out,
en   => multiply_en_vector(0)
);
```

--Instantiation of Alpha LUT for generation matrix G3

```
U_g3_alpha_lut : g3_alpha_lut port map(
        addr => lut_addr(4 downto 0),
        clk  => clk,
        dout => g3_alpha_out,
        en   => alpha_lut_en_vector(1)
        );
-
```

-Instantiation of Rx LUT for generation matrix G3

```
U_g3_r_lut : g3_r_lut port map(
        addr => lut_addr(4 downto 0),
        clk  => clk,
        dout => g3_r_out,
        en   => alpha_lut_en_vector(1)
        );
```

--Instantiation of Conjugate Sign LUT for generation matrix G3

```
U_g3_r_alpha_prod_sign : g3_r_alpha_prod_sign port map(
        addr => rx_alpha_prod_sign_addr,
        clk  => clk,
        dout => g3_r_alpha_prod_sign_out,
        en   => multiply_en_vector(1)
        );
```

--Instantiation of Alpha LUT for generation matrix G4

```
U_g4_alpha_lut : g4_alpha_lut port map(
        addr => lut_addr(4 downto 0),
        clk  => clk,
        dout => g4_alpha_out,
```

```
                        en    => alpha_lut_en_vector(2)
                        );
```

--Instantiation of Rx LUT for generation matrix G4

```
U_g4_r_lut : g4_r_lut port map(
                        addr => lut_addr(4 downto 0),
                        clk  => clk,
                        dout => g4_r_out,
                        en   => alpha_lut_en_vector(2)
                       );
process(clk,reset_n)
variable c1_a : std_logic_vector(31 downto 0);
variable c1_b : std_logic_vector(31 downto 0);
variable c2_a : std_logic_vector(31 downto 0);
variable c2_b : std_logic_vector(31 downto 0);
variable c3_a : std_logic_vector(31 downto 0);
variable c3_b : std_logic_vector(31 downto 0);
variable c4_a : std_logic_vector(31 downto 0);
variable c4_b : std_logic_vector(31 downto 0);
variable adder_counter : std_logic_vector(6 downto 0);
begin
        if reset_n = '0' then
                c1_a        := (others => '0');
                c1_b        := (others => '0');
                c2_a        := (others => '0');
                c2_b        := (others => '0');
                c3_a        := (others => '0');
                c3_b        := (others => '0');
                c4_a        := (others => '0');
                c4_b        := (others => '0');
                adder_counter  := (others => '0');
                adder_copmlete <= '0';
                decode_finish  <= '0';

elsif clk'event and clk='1' then
```

```
case decode_state is
when DECODE_IDLE      => adder_copmlete   <= '0';
                decode_finish    <= '0';
                adder_counter    := (others => '0');
                c1_a             := (others => '0');
                c1_b             := (others => '0');
                c2_a             := (others => '0');
                c2_b             := (others => '0');
                c3_a             := (others => '0');
                c3_b             := (others => '0');
                c4_a             := (others => '0');
                c4_b             := (others => '0');
                c1_decode_inphs   <= (others => '0');
                c1_decode_quadphs <= (others => '0');
                c2_decode_inphs   <= (others => '0');
                c2_decode_quadphs <= (others => '0');
                c3_decode_inphs   <= (others => '0');
                c3_decode_quadphs <= (others => '0');
                c4_decode_inphs   <= (others => '0');
                c4_decode_quadphs <= (others => '0');
when WAIT_ONE_CYCLE    =>
when WAIT_TWO_CYCLE    =>
when DECODE_ADDER      =>
                adder_counter := adder_counter + 1;
                if(gen_matrix = "010") then
                if(adder_counter <= "0000010") then
                c1_a := c1_a + rx_alpha_prod_inphs;
                c1_b := c1_b + rx_alpha_prod_quadphs;
                elsif(adder_counter <= "0000100") then
                c2_a := c2_a + rx_alpha_prod_inphs;
                c2_b := c2_b + rx_alpha_prod_quadphs;
                if(adder_counter = "0000100") then
                adder_copmlete <= '1';
                end if;
```

```
end if;
elsif(gen_matrix = "011") then
if(adder_counter <= "0000110") then
c1_a := c1_a + rx_alpha_prod_inphs;
c1_b := c1_b + rx_alpha_prod_quadphs;
elsif(adder_counter <= "0001100") then
c2_a := c2_a + rx_alpha_prod_inphs;
c2_b := c2_b + rx_alpha_prod_quadphs;
elsif(adder_counter <= "0010010") then
c3_a := c3_a + rx_alpha_prod_inphs;
c3_b := c3_b + rx_alpha_prod_quadphs;
elsif(adder_counter <= "0011000") then
c4_a := c4_a + rx_alpha_prod_inphs;
c4_b := c4_b + rx_alpha_prod_quadphs;
if(adder_counter = "0011000") then
adder_copmlete <= '1';
end if;
end if;
elsif(gen_matrix = "100") then
if(adder_counter <= "0001000")then
c1_a := c1_a + rx_alpha_prod_inphs;
c1_b := c1_b + rx_alpha_prod_quadphs;
elsif(adder_counter <= "0010000")then
c2_a := c2_a + rx_alpha_prod_inphs;
c2_b := c2_b + rx_alpha_prod_quadphs;
elsif(adder_counter <= "0011000")then
c3_a := c3_a + rx_alpha_prod_inphs;
c3_b := c3_b + rx_alpha_prod_quadphs;
elsif(adder_counter <= "0100000")then
c4_a := c4_a + rx_alpha_prod_inphs;
c4_b := c4_b + rx_alpha_prod_quadphs;
if(adder_counter = "0100000")then
adder_copmlete <= '1';
end if;
```

```
end if;
end if;
when DECODE_COMPARISION => if(gen_matrix = "010") then
if(mbit = "010") then
if(c1_a(31) = '0') then
c1_decode_inphs   <= c1_constellation_inphs;
c1_decode_quadphs <= "00000000";
else
c1_decode_inphs   <= c2_constellation_inphs;
c1_decode_quadphs <= "00000000";
end if;
if(c2_a(31) = '0') then
c2_decode_inphs   <= c1_constellation_inphs;
c2_decode_quadphs <= "00000000";
else
c2_decode_inphs   <= c2_constellation_inphs;
c2_decode_quadphs <= "00000000";
end if;
elsif(mbit = "100") then
if(c1_a(31) ='0' and c1_b(31) ='0') then
c1_decode_inphs   <= c1_constellation_inphs;
c1_decode_quadphs <= c1_constellation_quadphs;
elsif(c1_a(31) ='1' and c1_b(31) ='0') then
c1_decode_inphs   <= c2_constellation_inphs;
c1_decode_quadphs <= c2_constellation_quadphs;
elsif(c1_a(31) ='1' and c1_b(31) ='1') then
c1_decode_inphs   <= c3_constellation_inphs;
c1_decode_quadphs <= c3_constellation_quadphs;
elsif(c1_a(31) ='0' and c1_b(31) ='1') then
c1_decode_inphs   <= c4_constellation_inphs;
c1_decode_quadphs <= c4_constellation_quadphs;
end if;
if(c2_a(31) ='0' and c2_b(31) ='0') then
c2_decode_inphs   <= c1_constellation_inphs;
```

```
c2_decode_quadphs <= c1_constellation_quadphs;
elsif(c2_a(31) ='1' and c2_b(31) ='0') then
c2_decode_inphs   <= c2_constellation_inphs;
c2_decode_quadphs <= c2_constellation_quadphs;
elsif(c2_a(31) ='1' and c2_b(31) ='1') then
c2_decode_inphs   <= c3_constellation_inphs;
c2_decode_quadphs <= c3_constellation_quadphs;
elsif(c2_a(31) ='0' and c2_b(31) ='1') then
c2_decode_inphs   <= c4_constellation_inphs;
c2_decode_quadphs <= c4_constellation_quadphs;
end if;
else
end if;
elsif(gen_matrix = "011" or gen_matrix = "100") then
if(mbit = "010") then
if(c1_a(31) = '0') then
c1_decode_inphs   <= c1_constellation_inphs;
c1_decode_quadphs <= "00000000";
else
c1_decode_inphs   <= c2_constellation_inphs;
c1_decode_quadphs <= "00000000";
end if;
if(c2_a(31) = '0') then
c2_decode_inphs   <= c1_constellation_inphs;
c2_decode_quadphs <= "00000000";
else
c2_decode_inphs   <= c2_constellation_inphs;
c2_decode_quadphs <= "00000000";
end if;
if(c3_a(31) = '0') then
c3_decode_inphs   <= c1_constellation_inphs;
c3_decode_quadphs <= "00000000";
else
c3_decode_inphs   <= c2_constellation_inphs;
```

```
c3_decode_quadphs <= "00000000";
end if;
if(c4_a(31) = '0') then
c4_decode_inphs   <= c1_constellation_inphs;
c4_decode_quadphs <= "00000000";
else
c4_decode_inphs   <= c2_constellation_inphs;
c4_decode_quadphs <= "00000000";
end if;
elsif(mbit = "100") then
if(c1_a(31) ='0' and c1_b(31) ='0') then
c1_decode_inphs   <= c1_constellation_inphs;
c1_decode_quadphs <= c1_constellation_quadphs;
elsif(c1_a(31) ='1' and c1_b(31) ='0') then
c1_decode_inphs   <= c2_constellation_inphs;
c1_decode_quadphs <= c2_constellation_quadphs;
elsif(c1_a(31) ='1' and c1_b(31) ='1') then
c1_decode_inphs   <= c3_constellation_inphs;
c1_decode_quadphs <= c3_constellation_quadphs;
elsif(c1_a(31) ='0' and c1_b(31) ='1') then
c1_decode_inphs   <= c4_constellation_inphs;
c1_decode_quadphs <= c4_constellation_quadphs;
end if;
if(c2_a(31) ='0' and c2_b(31) ='0') then
c2_decode_inphs   <= c1_constellation_inphs;
c2_decode_quadphs <= c1_constellation_quadphs;
elsif(c2_a(31) ='1' and c2_b(31) ='0') then
c2_decode_inphs   <= c2_constellation_inphs;
c2_decode_quadphs <= c2_constellation_quadphs;
elsif(c2_a(31) ='1' and c2_b(31) ='1') then
c2_decode_inphs   <= c3_constellation_inphs;
c2_decode_quadphs <= c3_constellation_quadphs;
elsif(c2_a(31) ='0' and c2_b(31) ='1') then
c2_decode_inphs   <= c4_constellation_inphs;
```

```
c2_decode_quadphs <= c4_constellation_quadphs;
end if;

if(c3_a(31) ='0' and c3_b(31) ='0') then
c3_decode_inphs   <= c1_constellation_inphs;
c3_decode_quadphs <= c1_constellation_quadphs;
elsif(c3_a(31) ='1' and c3_b(31) ='0') then
c3_decode_inphs   <= c2_constellation_inphs;
c3_decode_quadphs <= c2_constellation_quadphs;
elsif(c3_a(31) ='1' and c3_b(31) ='1') then
c3_decode_inphs   <= c3_constellation_inphs;
c3_decode_quadphs <= c3_constellation_quadphs;
elsif(c3_a(31) ='0' and c3_b(31) ='1') then
c3_decode_inphs   <= c4_constellation_inphs;
c3_decode_quadphs <= c4_constellation_quadphs;
end if;
if(c4_a(31) ='0' and c4_b(31) ='0') then
c4_decode_inphs   <= c1_constellation_inphs;
c4_decode_quadphs <= c1_constellation_quadphs;
elsif(c4_a(31) ='1' and c4_b(31) ='0') then
c4_decode_inphs   <= c2_constellation_inphs;
c4_decode_quadphs <= c2_constellation_quadphs;
elsif(c4_a(31) ='1' and c4_b(31) ='1') then
c4_decode_inphs   <= c3_constellation_inphs;
c4_decode_quadphs <= c3_constellation_quadphs;
elsif(c4_a(31) ='0' and c4_b(31) ='1') then
c4_decode_inphs   <= c4_constellation_inphs;
c4_decode_quadphs <= c4_constellation_quadphs;
end if;
end if;
end if;
decode_finish <= '1';
when others    =>    adder_counter    := (others => '0');
                     c1_a             := (others => '0');
```

```
                    c1_b            := (others => '0');
                    c2_a            := (others => '0');
                    c2_b            := (others => '0');
                    c3_a            := (others => '0');
                    c3_b            := (others => '0');
                    c4_a            := (others => '0');
                    c4_b            := (others => '0');
        end case;
      end if;
  end process;
end arc_stbc_control
```

Multiplicador

```
LIBRARY ieee;
USE ieee.std_logic_1164.ALL;
-- synthesis translate_off
Library XilinxCoreLib;
-- synthesis translate_on
ENTITY multiplier_v10_0 IS
      port (
      clk: IN std_logic;
      a: IN std_logic_VECTOR(15 downto 0);
      b: IN std_logic_VECTOR(15 downto 0);
      p: OUT std_logic_VECTOR(31 downto 0));
END multiplier_v10_0;
ARCHITECTURE multiplier_v10_0_a OF multiplier_v10_0 IS
-- synthesis translate_off
component wrapped_multiplier_v10_0
      port (
      clk: IN std_logic;
      a: IN std_logic_VECTOR(15 downto 0);
      b: IN std_logic_VECTOR(15 downto 0);
```

```
p: OUT std_logic_VECTOR(31 downto 0));
end component;
for all : wrapped_multiplier_v10_0 use entity
XilinxCoreLib.mult_gen_v10_0(behavioral)
        generic map(
            c_a_width => 16,
            c_b_type => 0,
            c_ce_overrides_sclr => 0,
            c_opt_goal => 1,
            c_has_sclr => 0,
            c_round_pt => 0,
            c_out_high => 31,
            c_mult_type => 0,
            c_ccm_imp => 0,
            c_has_load_done => 0,
            c_pipe_stages => 1,
            c_has_zero_detect => 0,
            c_round_output => 0,
            c_use_p_cascade_out => 0,
            c_mem_init_prefix => "mgv10",
            c_xdevicefamily => "spartan3e",
            c_a_type => 0,
            c_out_low => 0,
            c_b_width => 16,
            c_b_value => "10000001");
begin
U0 : wrapped_multiplier_v10_0
        port map (
            clk => clk,
            a => a,
            b => b,
            p => p);

END multiplier_v10_0_a;
```

Printed by Books on Demand GmbH, Norderstedt / Germany